技术竞争与产业临向

人工智能专利
全景分析

主 编 刘 洋

副主编 许菲菲 丛 珊 崔海波 刘庆琳

知识产权出版社
全国百佳图书出版单位
—北京—

图书在版编目（CIP）数据

技术竞争与产业格局：人工智能专利全景分析/刘洋主编. —北京：知识产权出版社，2020.8

ISBN 978-7-5130-7082-9

Ⅰ.①技… Ⅱ.①刘… Ⅲ.①人工智能—专利申请—研究 Ⅳ.①G306.3

中国版本图书馆 CIP 数据核字（2020）第 135359 号

内容提要

本书由国家知识产权局专业人员编撰，对 2000 年以后人工智能的全球专利申请和中国专利申请做出了全面的专利分析，涉及全球专利申请 110 万项、中国专利申请 58 万件，所涉专利数量多、范围广。本书科学确定了人工智能技术分支，并对人工智能总体态势以及基础硬件、通用技术、智能应用三大分支的专利申请层层深入分析，展示了人工智能领域的技术竞争态势和产业发展格局，得出一系列富有启发性的结论。本书适合从事人工智能相关科学研究和产业实践的人员，以及对人工智能发展和专利分析感兴趣的广大读者阅读使用。

责任编辑：吴 烁　　　　　　责任印制：孙婷婷
封面设计：博华创意·张冀

技术竞争与产业格局——人工智能专利全景分析
JISHU JINGZHENG YU CHANYE GEJU——RENGONG ZHINENG ZHUANLI QUANJING FENXI
主　编　刘　洋
副主编　许菲菲　丛　珊　崔海波　刘庆琳

出版发行：知识产权出版社有限责任公司	网　　址：http://www.ipph.cn
电　话：010-82004826	http://www.laichushu.com
社　址：北京市海淀区气象路 50 号院	邮　编：100081
责编电话：010-82000860 转 8768	责编邮箱：laichushu@cnipr.com
发行电话：010-82000860 转 8101	发行传真：010-82000893
印　刷：北京建宏印刷有限公司	经　销：各大网上书店、新华书店及相关专业书店
开　本：720mm×1000mm　1/16	印　张：17.75
版　次：2020 年 8 月第 1 版	印　次：2020 年 8 月第 1 次印刷
字　数：309 千字	定　价：88.00 元
ISBN 978-7-5130-7082-9	

编委会

---◇---

■ 前 言

　　人工智能本质是指机器模拟人类思考的能力。随着时代发展，人工智能已经成为未来技术发展的主流方向，是新一轮科技革命和产业变革的重要驱动力量。习近平总书记在主持中共中央政治局就人工智能专题第九次集体学习时强调，加快发展新一代人工智能是我们赢得全球科技竞争主动权的重要战略抓手，是推动我国科技创新跨越发展、产业优化升级、生产力整体跃升的重要战略资源。

　　近年来，人工智能日益成为各国重点关注和大力发展的战略必争领域。美国、日本、欧洲等国家和地区加紧部署，针对人工智能纷纷出台相关战略政策，从科技到产业全方位布局。我国政府也先后发布了《新一代人工智能发展规划》《促进新一代人工智能产业发展三年行动计划》等一系列重要政策，带动相关战略性新兴产业迅猛发展，成为建设制造强国的新引擎。《新一代人工智能发展规划》预计，到 2020 年，我国人工智能核心产业规模将超过1 500 亿元，带动相关产业规模超过 1 万亿元。人工智能发展前景巨大，迫切需要从战略高度推动相关技术和产业发展。

　　为更好把握我国人工智能领域发展态势、发现机遇优势、查找问题短板、找准突破路径，由国家知识产权局相关领域专业人员组成的专题组对 2000 年以来人工智能领域的全球发明专利做出了全面的专利检索和分析。专题组科学确定了人工智能技术分支，将相关专利创新划分为基础层、技术层和应用层。其中，基础层主要包括智能芯片和智能传感器等基础硬件，技术层主要包括基础算法和应用技术等通用技术，应用层主要包括智能机器人、智能终端、智能驾驶、智能安防、智能家居、智能医疗等热点应用领域。本书专利分析所涉专利数量多、范围广，共涉及全球专利申请 110 万项、中国专利申请 58 万件。

　　全书共分五章，第一章就人工智能的技术概况、产业发展概况、国内外相关政策、产业发展趋势及存在问题进行了全面梳理；第二章就人工智能总体专利态势进行分析；第三、四、五章分别就基础硬件、通用技术、智能应用三大分支进行专利状况分析，主要包括专利申请态势分析、主要申请人分析、专利布局区域分析、技术分支分析，尤其对不同类型申请人、全球专利申请与中国专利申请、主要申请人布局，特别是中美专利申请布局进行了较为深入的挖掘，形成人工智能领域的专利全景分析。

　　本书编写团队人员主要是国家知识产权局相关领域资深审查员。主编为中国专利信息中心刘洋，副主编为国家知识产权局专利局电学部许菲菲、国家知识产权局专利局通信部丛珊、国家知识产权局专利局专利审查协作北京中心电学部崔海波、国家知识产权局知识产权发展研究中心刘庆琳，编委为专利局电学部苏丹、孙艳、刘琳；专利局通信部李荣娟、薛钰、王旸；审查协作北京中心电学部王晶、胡百乐、郭明华；发展研究中心李岩。其中前言、框架设计和全书统稿由刘洋主要完成；第一章由刘庆琳、李岩编写；第二章由许菲菲编写；第三章由崔海波、王晶、郭明华编写；第四章由许菲菲、孙艳、刘琳编写；第五章由丛珊、李荣娟、苏丹、薛钰、王旸、胡百乐编写。

　　特别感谢中国知识产权研究会陈燕秘书长、国家知识产权局电学部肖光庭部长、国家知识产权局通信部蒋彤部长、国家知识产权局专利局专利审查协作北京中心郭雯主任担任本书专家顾问，对专题研究和本书编撰给予了精心指导。同时感谢国家知识产权局战略规划司、专利局自动化部、中国专利信息中心在专题研究组织、专利数据提取筛选方面给予专题组的大力支持和帮助。

　　由于编者的认识局限性，加之专利数据采集范围和专利分析工具的限制，本书难免存在疏漏之处，在此敬请广大读者谅解并欢迎交流指正。

目 录 \CONTENTS

第1章 概 述 ………………………………………………… 001

1.1 人工智能技术概况 / 001

1.1.1 人工智能的定义 / 001

1.1.2 人工智能的发展历程 / 002

1.1.3 人工智能产业链及其关键技术 / 004

1.1.4 人工智能技术标准 / 012

1.2 人工智能产业发展概况 / 018

1.2.1 国外人工智能产业发展状况 / 018

1.2.2 国内人工智能产业发展状况 / 021

1.2.3 人工智能市场竞争格局 / 025

1.3 人工智能产业国内外相关政策 / 031

1.3.1 国外相关政策 / 031

1.3.2 国内相关政策 / 034

1.4 人工智能产业发展趋势及存在问题 / 037

1.4.1 产业发展趋势 / 037

1.4.2 存在问题 / 038

第2章 人工智能技术专利状况分析 ………………………… 039

2.1 专利申请总体分析 / 039

2.2 专利申请态势分析 / 042

2.3 主要申请人分析 / 043

2.3.1 全球主要申请人分析 / 043

  2.3.2 典型中国申请人分析 / 043

 2.4 专利布局区域分析 / 044

 2.5 主要技术分支分析 / 045

第3章 基础硬件技术专利状况分析 ·················· 047

 3.1 基础硬件专利状况分析 / 047

  3.1.1 基础硬件全球和中国申请态势分析 / 047

  3.1.2 基础硬件全球和中国主要申请人分析 / 048

  3.1.3 基础硬件全球和中国布局区域分析 / 049

  3.1.4 基础硬件全球和中国主要技术分支分析 / 050

  3.1.5 基础硬件全球和中国主要申请人专利法律状态及

     专利寿命分析 / 050

  3.1.6 基础硬件全球和中国主要申请人布局重点分析 / 052

 3.2 智能芯片技术专利状况分析 / 057

  3.2.1 智能芯片全球和中国申请态势分析 / 057

  3.2.2 智能芯片全球和中国主要申请人分析 / 058

  3.2.3 智能芯片全球和中国布局区域分析 / 059

  3.2.5 智能芯片主要技术分支分析 / 060

 3.3 智能传感器技术专利状况分析 / 073

  3.3.1 智能传感器全球和中国申请态势分析 / 074

  3.3.2 智能传感器全球和中国主要申请人分析 / 075

  3.3.3 智能传感器全球和中国布局区域分析 / 076

  3.3.4 智能传感器全球和中国主要技术分支分析 / 077

 3.4 重点对比分析 / 089

  3.4.1 智能芯片全球和中国不同类型申请人布局重点分析 / 089

  3.4.2 智能芯片全球和中国优劣势分支对比分析 / 090

  3.4.3 智能芯片各分支主要申请人布局重点和布局区域分析 / 091

  3.4.4 智能芯片中美专利布局全面对比分析 / 093

  3.4.5 智能传感器中国和美国专利布局对比分析 / 097

  3.4.6 MEMS 传感器中美专利布局对比分析 / 100

第4章　通用技术专利状况分析 ·················· 104

　　4.1　通用技术整体专利状况分析／104

　　　　4.1.1　通用技术全球和中国申请态势分析／104

　　　　4.1.2　通用技术全球和中国主要申请人分析／105

　　　　4.1.3　通用技术全球和中国布局区域分析／106

　　　　4.1.4　通用技术全球和中国主要技术分支分析／107

　　　　4.1.5　通用技术全球和中国主要申请人布局重点分析／108

　　4.2　基础算法专利状况分析／111

　　　　4.2.1　基础算法全球和中国申请态势分析／112

　　　　4.2.2　基础算法全球和中国主要申请人分析／112

　　　　4.2.3　基础算法全球和中国布局区域分析／114

　　　　4.2.4　基础算法全球和中国主要技术分支分析／114

　　4.3　应用技术专利状况分析／122

　　　　4.3.1　应用技术全球和中国申请态势分析／123

　　　　4.3.2　应用技术全球和中国主要申请人分析／123

　　　　4.3.3　应用技术全球布局区域分析／125

　　　　4.3.4　应用技术全球和中国主要技术分支分析／125

　　4.4　重点对比分析／133

　　　　4.4.1　通用技术不同类型申请人布局重点分析／133

　　　　4.4.2　通用技术全球和中国优劣势分支对比分析／134

　　　　4.4.3　各分支主要申请人布局区域和布局重点分析／145

　　　　4.4.4　中美专利布局全面对比分析／146

　　4.5　标准与新兴方向／150

　　　　4.5.1　人工智能标准／150

　　　　4.5.2　新兴技术方向／151

第5章　智能应用专利状况分析 ·················· 154

　　5.1　智能应用整体专利状况分析／154

　　　　5.1.1　全球和中国专利状况分析／154

　　　　5.1.2　重点对比分析／160

　　5.2　智能机器人行业整体专利状况分析／163

5.2.1　全球和中国专利状况分析 / 164

5.2.2　重点对比分析 / 172

5.2.3　智能服务机器人全球专利状况分析 / 178

5.2.4　智能服务机器人重点对比分析 / 183

5.3　智能终端行业整体专利状况分析 / 189

5.3.1　全球和中国专利状况分析 / 189

5.3.2　重点对比分析 / 194

5.4　智能驾驶行业整体专利状况分析 / 197

5.4.1　全球和中国专利状况分析 / 197

5.4.2　重点对比分析 / 202

5.4.3　无人机全球专利状况分析 / 205

5.4.4　无人机重点对比分析 / 212

5.4.5　自动驾驶汽车全球专利状况分析 / 214

5.4.6　自动驾驶汽车重点对比分析 / 219

5.5　智能安防行业整体专利状况分析 / 224

5.5.1　全球和中国专利状况分析 / 225

5.5.2　重点对比分析 / 231

5.6　智能家居行业整体专利状况分析 / 235

5.6.1　全球和中国专利状况分析 / 236

5.6.2　重点对比分析 / 250

5.7　智能医疗行业整体专利状况分析 / 254

5.7.1　全球和中国专利状况分析 / 254

5.7.2　重点对比分析 / 259

5.8　智能电网行业整体专利状况分析 / 263

5.8.1　全球和中国专利状况分析 / 264

5.8.2　重点对比分析 / 269

参考文献 ·· 272

第1章 概　述

1.1　人工智能技术概况

人工智能（Artificial Intelligence），英文缩写为 AI，这一词最初是在 1956 年达特茅斯学会上提出的，它标志着"人工智能"这门新兴学科的正式诞生。

1.1.1　人工智能的定义

人工智能作为一门前沿交叉学科，对其定义一直存有不同的观点。维基百科上定义"人工智能就是机器展现出的智能"，即只要是某种机器，具有某种或某些"智能"的特征或表现，都应该算作人工智能。

百度百科定义人工智能是"研究、开发用于模拟、延伸和扩展人的智能的理论、方法、技术及应用系统的一门新的技术科学"，该定义将其视为计算机科学的一个分支，指出其研究包括机器人、语言识别、图像识别、自然语言处理和专家系统等。

中国电子标准化研究院出版的《人工智能标准化白皮书（2018 版）》定义为，人工智能是利用数字计算机或者数字计算机控制的机器模拟、延伸和扩展人的智能，感知环境、获取知识并使用知识获得最佳结果的理论、方法、技术及应用系统。

从上述各种的定义规范及各应用领域和涵盖学科的理解可以看出，人工智能虽然并没有统一的被广泛认可的一种定义，但是其正处于技术"年轻"阶段，具有蓬勃的"生命活力"，从实证应用的角度去研发能够促进人工智能的发展。根据人工智能是否能真正实现推理、思考和解决问题，可以将人工智能可以分为弱人工智能、强人工智能、超人工智能三个级别。

1.1.2 人工智能的发展历程

人工智能诞生于 20 世纪 50 年代，如图 1-1-1 所示，在这将近 70 年的时间，人工智能的发展充满了坎坷，先后经历了起始阶段、第一次繁荣期、第一次低谷期、第二次繁荣期、第二次低谷期、复苏期，目前正处于增长爆发期。

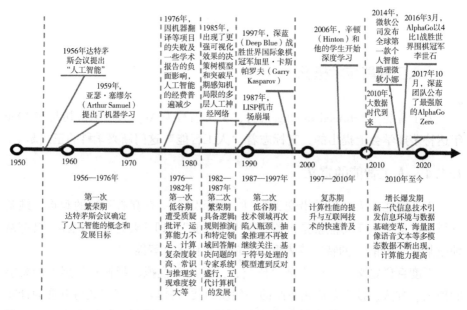

图1-1-1 人工智能发展历史❶

1. 起始阶段

1950 年，计算机科学家艾伦·图灵（Alan Turing）发表了一篇划时代的论文，预言了创造具有真正智能的机器的可能性。考虑到"智能"不易衡量，他提出了著名的图灵测试，以机器伪装人类对话的能力来衡量机器的智能水平。

1956 年达特茅斯会议举行，以麦卡赛、明斯基、罗切斯特和申农等为首的顶尖科学家汇聚一堂，共同确定了人工智能的名称和任务，标志着人工智能这门学科的正式诞生。与会的每一位科学家都在人工智能发展的第一个十

---

❶ 中国电子标准化研究院. 人工智能标准化白皮书（2018 版）[Z/OL]. (2018-01-24). http://www.cesi.ac.cn/201801/3545.html.

年中做出了重要贡献。

2. 第一次繁荣期（1956—1974 年）

1956 年之后的十几年是人工智能的黄金年代，计算机被用于证明数学定理、解决代数应用题等领域。A. Newell 和 H. Simon 研发的"逻辑理论家（Logic Theorist）"证明了《数学原理》中全部 52 条定理，其中某些证明比原著更加巧妙。人们几乎无法相信机器原来可以如此智能。这些成果让研究者对未来充满信心，认为完全智能的机器人在 20 年内就能出现。

3. 第一次低谷期（1974—1982 年）

到了 70 年代初，人们渐渐发现仅仅具有逻辑推理能力远远不够实现人工智能，许多难题并没有随着时间推移而被解决，很多人工智能系统一直停留在"玩具阶段"。之前的过于乐观使人们期望过高，又缺乏有效的进展，许多机构逐渐停止了对人工智能研究的资助。人工智能遭遇了第一次低谷。

4. 第二次繁荣期（1982—1987 年）

进入 20 世纪 80 年代，卡耐基梅隆大学为 DEC 公司设计了一个名为 XCON 的专家系统，每年为公司节省四千万美元，取得巨大成功。许多公司纷纷效仿，开始研发和应用专家系统。专家系统依赖的知识工程因而也成为人工智能研究的焦点。日本推出第五代计算机计划，其目标是造出能够与人对话、翻译语言、解释图像，并且像人一样推理的机器。其他国家也纷纷做出响应。与此同时，约翰·约瑟夫·霍普菲尔德（John Joseph Hopfield）发明 Hopfield 网络，解决了著名的旅行商（TSP）问题。戴维·鲁姆哈特（David Rumelhart）提出反向传播（Back Propagation，BP）算法，解决了多层神经网络的学习问题。神经网络被广泛地应用于模式识别、故障诊断、预测和智能控制等多个领域。人工智能迎来了又一轮高潮。

5. 第二次低谷期（1987—1997 年）

从 20 世纪 80 年代末到 90 年代初，专家系统所存在的应用领域狭窄、知识获取困难、维护费用居高不下等问题逐渐暴露出来，此前日本宏伟的第五代计算机计划也宣告失败。人工智能遭遇了一系列财政问题，进入第二次低谷。

6. 复苏期（1997—2010 年）

从 20 世纪 90 年代中期至 2010 年，随着计算机性能的高速发展，通过海量数据不断累积，人工智能研究者不懈努力，人工智能在许多领域不断取得突破性成果，掀起新一轮高潮。

1997 年，IBM 的国际象棋机器人深蓝战胜国际象棋世界冠军卡斯帕罗夫，引起世界范围内轰动。

2006 年，辛顿提出深度学习。在接下来的若干年，借助深度学习技术，包括语音识别、计算机视觉在内的诸多领域都取得了突破性的进展。

7. 增长爆发期（2010 年至今）

2011 年 2 月，IBM 的问答机器人 Watson 在美国问答节目 Jeopardy！上击败两位人类冠军选手。

2012 年 10 月，微软就在"21 世纪的计算大会"上展示了一个全自动同声传译系统，它将演讲者的英文演讲实时转换成与他的音色相近、字正腔圆的中文。

2016 年 3 月，谷歌的围棋人工智能系统 AlphaGo 与围棋世界冠军、职业九段选手李世石进行人机大战，并以 4∶1 的总比分获胜。

2016 年末至 2017 年初，AlphaGo 在两个公开围棋网站上与中日韩数十位围棋高手进行快棋对决，连胜 60 局，包括对当今世界围棋第一人柯洁连胜三局。

2017 年 1 月，百度的小度机器人在《最强大脑》中战胜人类"脑王"。

2017 年 2 月，搜狗的问答机器人汪仔在《一站到底》中战胜哈佛女学霸。

2017 年 2 月，卡耐基梅隆大学的人工智能系统 Libratus 在长达 20 天的德州扑克大赛中，打败 4 名世界顶级德州扑克高手，赢得 177 万美元筹码。

与前两次繁荣期不同，第三次人工智能的热潮迎来了全面商业化的爆发。互联网兴起产生的海量数据，以及摩尔定律带来的计算力的突飞猛进，推动了深度学习技术在人工智能领域的普及，并促进语音识别、图像识别等技术快速发展并且迅速产业化。

1.1.3 人工智能产业链及其关键技术

如图 1-1-2 所示，目前人工智能产业链具有三个核心环节，基础层、技术层和应用层。

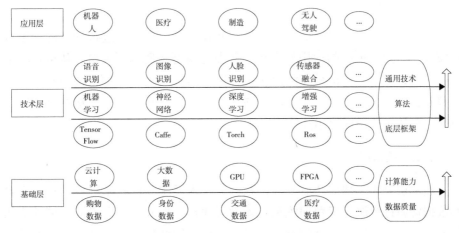

图1-1-2 人工智能产业链

1.1.3.1 基础层

基础层主要涉及数据的收集与运算，这是人工智能发展的基础，主要包括人工智能芯片、传感器、大数据与云计算。其中，传感器及大数据主要负责数据的收集，而人工智能芯片和云计算负责运算。

1. 专用芯片和类脑芯片

人工智能芯片是人工智能的"大脑"，随着深度学习等对大规模并行计算需求的提升，业界开始了针对人工智能专用芯片的研发。目前人工智能芯片主要类型有 GPU（图形处理器）、FPGA（现场可编程门阵列）、ASIC（专用定制芯片）和类人脑芯片四种。人工智能芯片技术发展呈现功能模仿与结构逼近两个方向。GPU、FPGA 及 ASIC 是从功能层面模仿大脑能力，而类脑芯片则是从结构层面去逼近大脑。虽然在结构上模仿大脑运算是人工智能芯片终极目标，但受制于技术上的限制，当前人工智能芯片主流产品是在功能层面上的模仿。目前，GPU 和 FPGA 等通用芯片是人工智能领域的主要芯片，但由于它们起初并非针对深度学习而设计，在性能与功耗等方面存在天然的缺陷。因此，针对神经网络算法的专用芯片 ASIC 正被英特尔、谷歌、英伟达和众多初创公司陆续推出，有望在今后数年内取代当前的通用芯片成为人工智能芯片的主力。我国人工智能芯片产业处于起步阶段，但已呈现崛起之势。目前涌现了景嘉微、寒武纪科技等一批明星创业企业。国产人工智能芯片的崛起不仅带来计算能力的提升，同样可以起到降低成本的作用。

2. 量子计算

量子计算是一种遵循量子力学规律调控量子信息单元进行计算的新型计算模式。对照于传统的通用计算机，其理论模型是通用图灵机。从可计算的问题来看，量子计算机只能解决传统计算机所能解决的问题，但是从计算的效率上，由于量子力学叠加性的存在，目前某些已知的量子算法在处理问题时速度要快于传统的通用计算机。

1.1.3.2 技术层

技术层是人工智能产业发展的核心。技术层主要依托基础层的运算平台和数据资源进行海量识别训练和机器学习建模，以开发面向不同领域的应用技术，包括感知智能和认知智能。其中，感知智能通过传感器、搜索引擎和人机交互等实现人与信息的连接，获得建模所需数据，如语音识别、图像识别、自然语音处理和生物识别等。认知智能对获取的数据进行建模运算，利用深度学习等类人脑的思考功能得出结果。国内的人工智能技术层主要聚焦于计算机视觉、自然语言处理以及机器学习领域。

1. 机器学习

机器学习是一门涉及统计学、系统辨识、逼近理论、神经网络、优化理论、计算机科学、脑科学等诸多领域的交叉学科，研究计算机怎样模拟或实现人类的学习行为，以获取新的知识或技能，重新组织已有的知识结构使之不断改善自身的性能，是人工智能技术的核心。基于数据的机器学习是现代智能技术中的重要方法之一，研究从观测数据（样本）出发寻找规律，利用这些规律对未来数据或无法观测的数据进行预测。根据学习模式、学习方法以及算法的不同，机器学习存在不同的分类方法。

根据学习模式将机器学习分为监督学习、无监督学习和强化学习等；根据学习方法可以将机器学习分为传统机器学习和深度学习；此外，机器学习的常见算法还包括迁移学习、主动学习和演化学习等。

2. 神经网络

国际著名的神经网络研究专家、第一家神经计算机公司的创立者与领导人尼尔森（Heeht Nielsen）对人工神经网络的定义是："人工神经网络是由人工建立的、以有向图为拓扑结构的动态系统，它通过对连续或断续的输入作状态响应而进行信息处理。"

目前，神经网络得到了越来越广泛的应用，已渗透到模式识别、图像处理、非线性优化、语音处理、自然语言理解、自动目标识别、机器人、专家系统、预测、分析、分类与鉴定、优化、控制等各个领域，尤其在模式识别、信号处理、知识工程、专家系统、优化组合、机器人控制等方面，已经有很多成功应用的例子。

3. 深度学习

深度学习的概念最早由多伦多大学的辛顿等人于 2006 年提出，指基于样本数据通过一定的训练方法得到包含多个层级的深度网络结构的机器学习过程。

深度学习架构由多层非线性运算单元组成，每个较低层的输出作为较高层的输入，可以从大量输入数据中学习有效的特征表示，学习到的高阶表示中包含输入数据的许多结构信息。深度学习是一种从数据中提取表示的好方法，能够用于分类、回归和信息检索等特定问题。

深度学习自 2006 年产生之后就受到科研机构、工业界的高度关注。最初，深度学习的应用主要是在图像和语音领域。从 2011 年开始，谷歌研究院和微软研究院的研究人员先后将深度学习应用到语音识别。2012 年，辛顿的学生伊利亚·莎士科尔（Ilya Sutskever）和亚历克斯·克里热夫斯基（Alex Krizhevsky）在图片分类比赛 ImageNet 中，使用深度学习打败了谷歌团队。2012 年 6 月，谷歌首席架构师杰夫·迪恩（Jeff Dean）和斯坦福大学教授吴恩达（AndrewNg）主导著名的 GoogleBrain 项目，采用 16 万个 CPU 来构建一个深层神经网络，并将其应用于图像和语音的识别，最终大获成功。此外，深度学习在搜索领域也获得广泛关注。如今，深度学习已经在图像、语音、自然语言处理、CTR 预估、大数据特征提取等方面获得广泛的应用。

4. 计算机视觉

计算机视觉顾名思义，就是让计算机具备像人眼一样观察和识别的能力，更进一步地说，就是指用摄像机和电脑代替人眼对目标进行识别、跟踪和测量，并进一步做图形处理，使电脑处理成为更适合人眼观察或传送给仪器检测的图像。计算机视觉主要分为图像分类、目标检测、目标跟踪和图像分割四大基本任务。

机器视觉，从 20 世纪 50 年代开始的二维图像的分析、识别，用来识别测试件及高科技领域图片，到 60 年代三维计算机视觉系统的研究，再到 70 年代计算机视觉理论基础的形成和 80 年代以来的飞速发展，机器视觉已有了 60 多年的发展历史，并广泛应用于国民经济的各个领域，包括在安防摄像头、交通摄像头、无人驾驶、无人机、金融、医疗等方面。

5. 语音识别技术

语音识别技术就是让机器通过识别和理解过程把语音信号转变为相应的文本或命令的高新技术。语音识别技术主要包括特征提取技术、模式匹配准则及模型训练技术三个方面。语音识别是人机交互的基础，主要解决让机器听清楚人说什么的难题。人工智能目前落地最成功的就是语音识别技术。

1952年，美国贝尔研究所戴维斯（Davis）等研究员成功研制了世界上第一个能识别十个英文数字发音的实验系统；1960年，英国的德纳（Denes）等人成功研制了世界上第一个计算机语音识别系统。

20世纪70年代以后，大规模的语音识别系统得到了良好的发展契机，在小词汇量、孤立词的识别方面取得了实质性的进步。DARPA（Defense Advanced Research Projects Agency）是在20世纪70年代由美国国防部远景研究计划局资助的一项十年计划，旨在支持语言理解系统的研究开发工作。

20世纪80年代以后，研究的重点逐渐转向大词汇量、非特定人连续语音识别。在研究思路上也发生了重大变化，即由传统的基于标准模板匹配的技术思路开始转向基于统计模型（HMM）的技术思路。此外，再次提出了将神经网络技术引入语音识别问题的技术思路。

20世纪90年代以后，在语音识别的系统框架方面并没有什么重大突破，2001年语音识别达到了80%的准确度，但此后鲜有进展。但是，在语音识别技术的应用及产品化方面已有很大的进展。

此后，在2001到2010年，机器学习算法和计算机性能的进步带来了更有效的训练深层神经网络（DNN）的方法。

因此，语音识别系统开始使用深度神经网络，事实上，2016年的语音识别准确度达到了90%，谷歌在2017年6月声称已达到95%的准确率。

6. 自然语言处理

自然语言理解即文本理解和语音图像的模式识别技术有着本质的区别，语言作为知识的载体，承载了复杂的信息量，具有高度的抽象性，对语言的理解属于认知层面，不能仅靠模式匹配的方式完成。自然语言理解最典型的两种应用为搜索引擎和机器翻译。

搜索引擎可以在一定程度上理解人类的自然语言，从自然语言中抽取出关键内容并用于检索，最终达到搜索引擎和自然语言用户之间的良好衔接，可以在两者之间建立起更高效、更深层的信息传递。

最早的自然语言理解方面的研究工作是机器翻译。1949 年，美国人威弗首先提出了机器翻译设计方案。20 世纪 60 年代，国外对机器翻译曾有大规模的研究工作，但进展不大。

大约从 20 世纪 90 年代开始，自然语言处理领域发生了巨大的变化，逐渐进入繁荣期，这个时期内自然语言处理领域实现了两个突破：一是大规模性，即计算机要能够处理相较于以前更大规模的文本量；二是真实可用性，即计算机能够对自然语言文本进行自动检索、自动提取重要信息，并且能够满足进行自动摘要的要求。

进入 21 世纪之后，互联网的发展引发了对自然语言处理技术的强劲需求，该技术在得到长足发展的同时，也有力地促进了互联网核心能力的增强。

2015 年，得益于深度学习算法的快速进展和大规模社交文本数据以及语料数据的不断积累，自然语言处理技术有了飞跃式的发展。在这一年，各大厂商致力于解决语音识别、语义理解、智能交互、搜索优化等领域更加复杂、困难的问题，持续不断地对原有产品的算法、模型进行优化与革新。

1.1.3.3　应用层

应用层建立在基础层与技术层基础上，实现与传统产业的融合发展以及不同场景的应用。随着深度学习、计算机视觉、语音识别等人工智能技术的快速发展，人工智能与终端和垂直行业的融合将持续加速，对传统的机器人、运载工具、家具、医疗、教育、金融、农业、零售、物流等行业将形成全面而重新的塑造。据麦肯锡预计，到 2025 年，人工智能将催生 10 万亿美元以上的市场规模。以下重点选择当前及未来几年较为火热的人工智能应用领域进行分析。

1. 智能机器人

由于工业发展和智能化生活的需要，目前国内智能机器人行业的研发主要集中于家庭机器人、工业企业服务和智能助手三个方面。在以上三个分类中，从事家庭机器人和智能助手研发的企业占据着绝大多数比例。人工智能技术正在全面重塑机器人产业，推动智能机器人应用。智能机器人主要包含三大核心技术模块，分别是人机交互及识别模块、环境感知模块和运动控制模块，特别是人机交互及识别模块综合了语音识别、语义识别、语音合成、图像识别、机器学习、自然语言处理等人工智能技术，实现了对人类的意识及思维过程的模拟，赋予了机器人学习、推理、思考、规划等智能行为和能力。我国有影响力的机器人骨干企业不断涌现，我国机器人企业都在谋求从传统工业化企业向智能化转型，从而提高行业的竞争力和提升整个产业结构向上发展。

2. 智能运载工具

自动驾驶汽车又称"无人驾驶汽车""电脑驾驶汽车"或"轮式移动机器人"，是一种通过电脑系统实现无人驾驶的智能汽车。目前自动驾驶技术在国内外参与的主要有谷歌、百度等公司。2017年12月，北京市交通委联合北京市公安交管局、北京市经济信息委等部门，制定发布了针对自动驾驶车辆道路测试的指导意见与实施细则，规范推动自动驾驶汽车的实际道路测试。2018年5月14日，深圳市向腾讯公司核发了智能网联汽车道路测试通知书和临时行驶车号牌。

无人驾驶飞机简称"无人机"，英文缩写为"UAV"，是利用无线电遥控设备和自备的程序控制装置操作的不载人飞机，或者由车载计算机完全地或间歇地自主操作。无人机的应用领域广泛，在军用方面，无人机分为侦察机和靶机；民用方面，在航拍、农业、植保、微型自拍、快递运输、灾难救援、观察野生动物、监控传染病、测绘、新闻报道、电力巡检、救灾、影视拍摄、制造浪漫等领域的应用，大大拓展了无人机本身的用途。

3. 智能制造

智能制造，是在基于互联网的物联网意义上实现的包括企业与社会在内的全过程的制造，把工业4.0的"智能工厂""智能生产""智能物流"进一步扩展到"智能消费""智能服务"等全过程的智能化中去，只有在这些意义上，才能真正地认识到我们所面临的前所未有的形势。人工智能在制造业的应用主要有三个方面：首先是智能装备，包括自动识别设备、人机交互系统、工业机器人以及数控机床等具体设备；其次是智能工厂，包括智能设计、智能生产、智能管理以及集成优化等具体内容；最后是智能服务，包括大规模个性化定制、远程运维以及预测性维护等具体服务模式。虽然目前人工智能的解决方案尚不能完全满足制造业的要求，但作为一项通用性技术，人工智能与制造业融合是大势所趋。

4. 智能家居

智能家居主要是基于物联网技术，通过智能硬件、软件系统、云计算平台构成一套完整的家居生态圈。用户可以进行远程控制设备，设备间可以互联互通并进行自我学习等，以此来整体优化家居环境的安全性、节能性、便捷性等。值得一提的是，近两年随着智能语音技术的发展，智能音箱成为一个爆发点。智能音箱不仅是音箱产品，同时是涵盖了内容服务、互联网服务及语音交互功能的智能化产品，不仅具备 WiFi 连接功能，能提供音乐、有声读物等内容服务及信息查询、网购等互联网服务，还能与智能家居连接，实现场景化智能家居控制。

5. 智能金融

人工智能的产生和发展，不仅促进金融机构服务主动性、智慧性，有效提升了金融服务效率，而且提高了金融机构风险管控能力，对金融产业的创新发展带来了积极影响。人工智能在金融领域的应用主要包括智能获客、身份识别、大数据风控、智能投顾、智能客服、金融云等，该行业也是人工智能渗透最早、最全面的行业。未来人工智能将持续带动金融行业的智能应用升级和效率提升。

6. 智能零售

人工智能在零售领域的应用已十分广泛，正在改变人们购物的方式。无人便利店、智慧供应链、客流统计、无人仓或无人车等都是热门方向。通过大数据与业务流程的密切配合，人工智能可以优化整个零售产业链的资源配置，为企业创造更多效益，让消费者体验更好。在设计环节中，机器可以提供设计方案；在生产制造环节中，机器可以进行全自动制造；在供应链环节中，由计算机管理的无人仓库可以对销量以及库存需求进行预测，合理进行补货、调货；在终端零售环节中，机器可以智能选址，优化商品陈列位置，并分析消费者购物行为。

7. 智能交通

大数据和人工智能可以让交通更智慧，智能交通系统是通信、信息和控制技术在交通系统中集成应用的产物。通过对交通中的车辆流量、行车速度进行采集和分析，可以对交通实施监控和调度，有效提高通行能力、简化交通管理、降低环境污染等。人工智能还可为我们的安全保驾护航。人长时间开车会感觉到疲劳，容易出交通事故，而无人驾驶则很好地解决了这些问题。无人驾驶系统还能对交通信号灯、汽车导航地图和道路汽车数量进行整合分析，规划出最优交通线路，提高道路利用率，减少堵车情况，节约交通出行时间。

8. 智能安防

安防领域涉及的范围较广，小到关系个人、家庭，大到与社区、城市、国家安全息息相关。目前智能安防类产品主要有四类：人体分析、车辆分析、行为分析、图像分析。人工智能在安防领域的应用主要通过图像识别、大数据及视频结构化等技术进行作用的；从行业角度来看，主要在公安、交通、楼宇、金融、工业、民用等领域应用较广。

9. 智能医疗

当下人工智能在医疗领域应用广泛，从最开始的药物研发到操刀做手术，利用人工智能都可以做到。眼下，医疗领域人工智能初创公司按领域可划分为八个主要方向，包括医学影像与诊断、医学研究、医疗风险分析、药物挖掘、虚拟护士助理、健康管理监控、精神健康以及营养学。其中，协助诊断及预测患者的疾病已经逐渐成为人工智能技术在医疗领域的主流应用方向。

10. 智能教育

通过图像识别，可以进行机器批改试卷、识题答题等；通过语音识别可以纠正、改进发音；而人机交互可以进行在线答疑解惑等。人工智能和教育的结合一定程度上可以改善教育行业师资分布不均衡、费用高昂等问题，从工具层面给师生提供更有效率的学习方式，但还不能对教育内容产生较多实质性的影响。

11. 智能物流

物流行业通过利用智能搜索、推理规划、计算机视觉以及智能机器人等技术在运输、仓储、配送、装卸等流程上已经进行了自动化改造，能够基本实现无人操作。例如，利用大数据对商品进行智能配送规划，优化配置物流供给、需求匹配、物流资源等。

1.1.4 人工智能技术标准

人工智能涉及跨领域的多技术融合，人工智能标准之间存在着相互依存、相互制约的内在联系。因此，人工智能需要在多领域内进行融合。

1.1.4.1 人工智能标准体系结构

人工智能标准体系结构如图 1-1-3 所示。

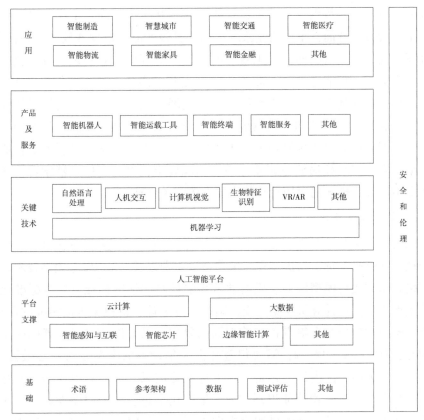

图1-1-3　人工智能标准体系结构

1. 基础标准

该类标准主要针对人工智能基础进行规范，包括术语定义、参考架构、数据、测试评估等。针对已有人工智能术语相关标准，围绕人工智能发展现状开展标准制订、修订工作；深入研究人工智能相关技术及产业链，开展人工智能参考架构等标准研制工作；结合人工智能领域发展需求，开展用于数据训练的数据格式、标签、数据模型、质量要求等数据资源相关标准的研制；针对人工智能技术、行业发展较为成熟的领域，提取测试评估的共性需求，开展人工智能通用性测试指南、评估原则以及智能等级分级要求等标准研制。

2. 平台或支撑标准

该类标准主要针对人工智能底层平台和支撑进行规范，包括大数据、云计算、智能感知及互联、边缘智能计算、智能芯片及人工智能平台等。用于支撑人工智能的大数据、云计算、智能感知及互联等标准化工作已具备一定的基础。大数据方面，重点研制系统级和工具级产品、数据开放共享等标准；云计算方面，重点研制面向人工智能的异构计算等虚拟和物理资源池化、调度和管理标准；智能感知与互联方面，重点开展高精度传感器、新型 MEMS 传感器相关标准制定，为人工智能的硬件发展提供标准支撑；边缘智能计算方面，重点研制参考架构、轻量级运行环境要求等标准；智能芯片方面，开展芯片性能测试要求等标准研制；人工智能平台方面，重点研制人工智能计算框架、人工智能算法任务调度等通用功能要求，以及支持机器学习、知识图谱等不同计算模式的通用计算能力要求等相关标准。

3. 关键技术标准

该类标准主要针对人工智能相关技术进行规范，包括机器学习、自然语言处理、计算机视觉、人机交互、生物特征识别以及 VR/AR 等关键技术。神经网络表示方法与模型压缩、机器学习算法性能评估等标准是后续标准化工作的重点方向。在计算机视觉方面，国内已开展计算机视觉术语标准的研究。由于不同应用场景对采集设备有着不同的要求，采集设备对于计算机视觉算法的开发有着很大的影响，需要规范数据采集设备的类型及对应参数要求。在人机交互方面，国内外已具备一定的标准化成果，主要集中在语音交互和手势交互方向。在生物特征识别方面，标准化工作主要围绕图像数据、应用接口、系统应用以及性能测试四个方向进行，目前国内已完成一些生物特征典型模态的识别设备通用规范等。

4. 产品及服务标准

产品及服务标准包括智能机器人、智能运载工具、智能终端以及智能服务等人工智能现有的产品和服务标准。在智能机器人方面，重点攻克核心基础部件的标准，如专用传感器技术标准，完善服务机器人硬件接口、安全使用以及多模态交互模式、功能集、服务机器人应用操作系统框架、服务机器人云平台通用要求等标准；围绕工业机器人，重点在工业机器人路径动态规划、协作型机器人设计规范、工业检测图像识别标定等开展标准化工作。在智能运载工具方面，重点在智能网联汽车方面开展标准化工作。目前面临的主要问题是汽车智能化涉及的高性能协同传感技术、车载互联及通信技术、汽车智能化与网联化安全技术等。结合《国家车联网产业标准体系建设指南（智能网联汽车）》工作部署，重点开展先进驾驶辅助系统（ADAS）术语定义、汽车驾驶自动化分级、车载信息交互系统信息安全技术要求等标准制定工作。在智能终端方面，建立智能终端的标准化和测试验证平台是提高智能终端产业规范发展的有效途径，为满足产业发展需要，亟须建立设备互联接口、内容服务接口、应用程序开发接口、系统安全技术、测试及评价等方面的标准，推动设备间的数据格式和标准协议的开放共享，推进产品和系统间的互联互通。在智能服务方面，既包括图像识别、智能语音、自然语言处理、机器学习算法等人工智能模块通过 SaaS 服务方式向行业提供综合性解决方案，也包括利用人工智能技术改变传统 IT 服务。与之相应的标准化需求正在兴起，如不同商家的同一种服务在功能集、服务接口、通信交互协议、服务获取方式等方面存在较大差别，需求方选择服务时花费成本较高，急需标准化的规范和统一。下一步重点加强人工智能服务能力成熟度评价、智能服务参考架构等标准制定工作。

5. 应用标准

应用标准包括智能制造、智能交通、物联网应用等领域。在智能制造领域，我国智能制造标准化工作的快速推进为人工智能在智能制造中的应用探索提供了良好的基础。应用涉及众多领域，每个领域的标准不尽相同，可以进行相互借鉴和融合，形成一体。

6. 安全和伦理标准

安全和伦理标准包括与人工智能安全、伦理、隐私保护等相关的标准规范。

人工智能安全和伦理标准，从广义来说涉及人工智能本身、平台、技术、产品和应用相关的安全标准，以及伦理、隐私保护规范。目前，人工智能安全与伦理标准主要集中在生物特征识别、自动驾驶等部分领域的应用安全标准，以及大数据安全、隐私保护等支撑类安全标准，而与人工智能自身安全或基础共性相关的标准还比较少。

1.1.4.2 国际标准状况

1. 国际标准化组织和国际电工委员会第一联合技术委员会

国际标准化组织和国际电工委员会第一联合技术委员会（ISO/IEC JTC 1）在人工智能领域的标准化工作已有 20 多年的历史。在人工智能词汇、人机交互、生物特征识别、计算机图像处理等关键领域，以及云计算、大数据、传感网等人工智能技术支撑领域，国际标准化组织和国际电工委员会第一联合技术委员会均已开展了相关标准化工作。

2. 国际标准化组织

国际标准化组织（International Organization for Standardization，ISO）主要在工业机器人、智能金融、智能驾驶方面开展了人工智能标准化研究。在工业机器人方面以及智能驾驶方面，机器人技术委员会（ISO/TC 299）开展了相关标准化研究。

3. 国际电工委员会

国际电工委员会（International Electrotechnical Commission，IEC）主要在可穿戴设备领域开展了人工智能标准化工作。音频、视频、多媒体系统和设备分技术委员会（IEC TC100）针对可穿戴设备领域开展了标准化工作，研制可穿戴设备的标准化工作。

4. 国际电信联盟

国际电信联盟（International Telecommunications Union，ITU）从 2016 年开始开展人工智能标准化研究。2017 年 6 月，国际电信联盟和 XPRIZE 基金会共同举办了"人工智能优势全球峰会"。ITU-T 提出了对于人工智能建议的草案，包括 ITU-T Y. AI4SC 人工智能和物联网以及 ITU-T Y. qos-ml 基于机器学习的 IMT-2020 的服务质量要求。

1.1.4.3　国外标准化状况

1. 美国电气和电子工程师协会

美国电气和电子工程师协会（Institute of Electrical and Electronics Engineers，IEEE）主要聚焦人工智能领域伦理道德标准的研究。2017 年 3 月，美国电气和电子工程师协会在《IEEE 机器人与自动化杂志》（IEEE Robotics and Automation Magazine）发表了名为"旨在推进人工智能和自治系统的伦理设计的 IEEE 全球倡议书"，倡议建立人工智能伦理的设计原则和标准，帮助人们避免对人工智能技术产生恐惧和盲目崇拜，从而推动人工智能技术的创新。

2. 美国国家标准与技术研究院

美国国家标准与技术研究院（National Institute of Standards and Technology，NIST）在人工智能数据采集分析工具、未来专家系统、基于人工智能的集体生产质量控制、高通量材料发现和优化应用的机器学习方面有一定的研究基础，但目前为止，还没有发布相关的标准。

3．其他

此外，欧洲电信标准化协会（European Telecommunications Standards Institute，ETSI）在人工智能标准化方面重点关注认知技术，并将人工智能纳入ETSI 技术路线图。国外知名企业 Alphabet、亚马逊、脸书、IBM 和微软的相关研究人员正在开展人工智能道德标准研究。

1.1.4.4 国内标准状况

1．全国信息技术标准化技术委员会

全国信息技术标准化技术委员会（SAC/TC 28）（以下简称"全国信标委"）对口国际标准化组织和国际电工委员会第一联合技术委员会工作，人工智能方面主要在术语词汇、人机交互、生物特征识别、大数据、云计算等领域开展标准化工作。目前有《信息技术词汇第 28 部分：人工智能基本概念与专家系统》《信息技术词汇第 29 部分：人工智能语音识别与合成》《信息技术词汇第 31 部分：人工智能机器学习》《信息技术词汇第 34 部分：人工智能神经网络》四项基础国家标准。在人机交互领域，全国信标委用户界面分技术委员会成立了语音交互、体感交互、脑机交互等工作组，开展智能语音、体感交互等标准研制。目前发布了《中文语音识别系统通用技术规范》《中文语音合成系统通用技术规范》《自动声纹识别（说话人识别）技术规范》《中文语音识别互联网服务接口规范》《中文语音合成互联网服务接口规范》五项语音交互标准。

2．全国自动化系统与集成标准化技术委员会

全国自动化系统与集成标准化技术委员会（SAC/TC 159）下设机器人装备分技术委员会，工作范围主要涉及工业机器人整机、系统接口、零部件、控制器等领域，制定了《工业机器人末端执行器自动更换系统词汇和特征表示》《工业机器人特性表示》《工业机器人抓握型夹持器物体搬运词汇和特性表示》《工业机器人坐标系和运动命名原则》《机器人与机器人装备词汇》等标准。

3．全国音频、视频和多媒体标准化技术委员会

全国音频、视频和多媒体标准化技术委员会（SAC/TC 242）主要围绕音视频、智慧家庭医疗健康产品开展相关标准化研究。

4．全国信息安全标准化技术委员会

全国信息安全标准化技术委员会（SAC/TC 260）在生物特征识别、智慧城市、智能制造等领域开展了相关安全标准化研究工作。

5. 全国智能运输系统标准化技术委员会

全国智能运输系统标准化技术委员会（SAC/TC 268）主要在智能交通领域开展了标准化工作，制定了《合作式智能运输系统专用短程通信第 1 部分：总体技术要求》《合作式智能运输系统专用短程通信第 2 部分：媒体访问控制层和物理层规范》《智能交通数据安全服务》《智能交通数字证书应用接口规范》《车路协同专用短程通信第 3 部分：网络层和应用层》《车路协同专用短程通信第 4 部分：设备应用》等标准。

1.2 人工智能产业发展概况

1.2.1 国外人工智能产业发展状况

2016 年以来，AlphaGo 与世界顶级围棋高手进行的世纪对战，把人工智能推上了全球浪潮的新高，也成为各方关注的焦点，各国纷纷制订发展计划，不惜重金抢占新一轮科技变革的制高点。从智能手表、手环等可穿戴设备，到服务机器人、无人驾驶、智能医疗、AR/VR 等热点词汇的兴起，智能产业成为新一代技术革命的急先锋。人工智能产业是智能产业发展的核心，是其他智能科技产品发展的基础，国内外的高科技公司以及风险投资机构纷纷布局人工智能产业链。具体到人工智能的三个层次，其发展基本一致。

1. 基础层

谷歌还为 2011 年推出的分布式深度学习框架 DistBelief 研发了专用芯片 TPU，将性能提高了一个数量级。

微软在其云平台 Azure 中加入 FPGA 达到了前所未有的网络性能，提高了所有工作负载的吞吐量。

人工智能是 IBM 在 2014 年后的重点关注领域，IBM 正在转型成为认知产品服务和云平台公司。IBM 未来十年战略核心是"智慧地球"计划，IBM 每年在其上的研发投资在 30 亿美元以上。IBM 一直致力于研发类脑芯片 True-North，并取得了不错的进展，但离量产尚有距离。IBM 还开源了大规模机器学习平台 SystemML。

2. 技术层

2014 年年初，谷歌以 4 亿美元的架构收购了深度学习算法公司——Deep-Mind。谷歌在 2011 年便推出了分布式深度学习框架 DistBelief，2015 年开源了第二代深度学习框架 TensorFlow。谷歌云平台基于 TensorFlow 提供了云端机器学习引擎。TensorFlow 是目前最受关注的深度学习框架。谷歌是全球在人工智能领域投入最大且整体实力最强的公司。2016 年 4 月，谷歌的 CEO Sundar Pichai 明确提出将 AI 优先作为公司大战略。

2016 年 3 月，谷歌开发的机器人 AlphaGo 以4：1绝对优势打败顶尖围棋选手李世石九段，掀起了人工智能浪潮。

2016 年 9 月 28 日谷歌在 ArXiv. org 上发表论文 *Google's Neural Machine Translation System*：*Bridging the Gapbetween Human and Machine Translation* 介绍谷歌的神经机器翻译系统（GNMT），随后谷歌 ResearchBlog 发布文章对该研究进行了介绍，还宣布将 GNMT 投入到了非常困难的汉语-英语语言对应的翻译生产中，引起了业内的极大关注。谷歌正在打造会读唇语、能过目不忘的人工智能机器人。

IBM 利用人工智能对医疗大数据进行数据挖掘，实现精准预测，做到及时防患于未然。

脸书 2013 年 12 月成立人工智能实验室（Facebook AI Research，简称 FAIR），在人工智能领域的布局主要围绕着其用户的社交关系和社交信息来展开，2014 年脸书的 Deep Face 技术在同行评审报告中被高度肯定，其脸部识别率的准确度达到97%。

微软研究院（Microsoft Research）一直在从事人工智能领域相关的研究。2016 年 9 月，微软整合微软研究院、必应（Bing）和小娜（Cortana）产品部门和机器人等团队，组建"微软人工智能与研究事业部"，借此来加速人工智能研发的进程。

IBM 研发出世界第一位人工智能律师——Ross。

亚马逊鲜有宣传自己的 AI 布局，却做出了 AI 明星产品 Echo。亚马逊在 AWS 上提供了分布式机器学习平台。

苹果于 2011 年最早推出语音助手 Siri，掀起语音助手的热潮。2016 年 10 月，苹果邀请 CMU 的深度学习专家 Russ Salakhutdinov 担任人工智能研究团队的负责人，表明苹果已经开始加紧步伐追赶。

3. 应用层

早在 2009 年,谷歌便启动了无人驾驶汽车项目。2016 年 12 月该项目分拆为一家独立的公司 Waymo。目前谷歌无人驾驶汽车测试里程已经突破 200 万英里,但由于真实路况的复杂性以及法律风险,无人驾驶汽车距大规模上路还有很长一段距离。

2014 年 10 月,谷歌推出 Gmail 的进化版——Inbox,邮件可以被自动归类到旅行、财务、新闻资讯等类别。2015 年 5 月发布 Google Photos,可以对照片自动识别、分类,并支持自然语言搜索。2016 年 5 月推出智能家居中控系统 Google Home,对标亚马逊的 Echo。Google Home 背后的智能助手引擎是 Google Assistant,对标亚马逊的 Alexa。2016 年谷歌的 AlphaGo 在人机围棋大战上的碾压式胜利又一次引爆了公众对人工智能的关注。

微软认知服务(Microsoft Cognitive Services)目前已经集合了多种智能 API 以及知识 API 等 20 多款工具可供开发者调用。

微软 2014 年 5 月推出智能聊天机器人小冰,7 月发布智能助手小娜(Cortana)。现在小娜每天都在为 1.13 亿用户服务,已回答超过 120 亿个问题。在商用领域,微软还推出了 Cortana 智能套件(Cortana Intelligence Suite)。微软 2016 年 4 月发布聊天机器人框架 Bot Framework,目前已经被超过 40 000 位开发者使用。

脸书在语义领域开发了文本理解引擎 DeepText,开源了文本表示和分类库 fastText。在图像领域,开发了人脸识别技术 DeepFace,开源了三款图像分割工具:DeepMask、SharpMask 和 MultiPathNet。脸书 2015 年 8 月推出智能助手 M,2016 年 4 月推出的基于脸书 Messenger 的聊天机器人框架 Bot。但受限于当前的人工智能技术水平,聊天机器人的错误率被爆高达 70%。脸书目前已经将聊天机器人的重心转向一些特定的任务。脸书还开源了自己的围棋 AI 引擎 DarkForest。

IBM 的云平台 Bluemix 提供了覆盖语音、图像、语义等领域的十多种常用技术。IBM 围绕 Watson 继续发力,计划将其打造成商业领域的人工智能平台。医疗是他们目前最重要的领域。2016 年 8 月 Watson 只用了 10 分钟便为一名患者确诊了一种很难判断的罕见白血病。此外,Watson 还被广泛应用于教育、保险、气象等领域。

2016 年年底,AWS 正式推出自己的 AI 产品线:Amazon Lex、Amazon Polly 以及 Amazon Rekognition,分别用于聊天机器人、语音合成以及图像识别。亚马逊 2014 年发布智能音箱 Echo，据估计截至 2016 年年底 Echo 系列产品的销量已经接近 1 000 万台，取得了巨大的商业成功。借助 Echo 的成功，Echo 背后的智能语音助手 Alexa 也被众多第三方设备采用。Alexa 目前已拥有超过 1 万项技能，这个数字还在快速增长。亚马逊还推出了新零售实体便利商超 Amazon go。在 Amazon go 中，没有服务员、没有收银台，消费者进店不用排队结账，拿了就走。

1.2.2　国内人工智能产业发展状况

纵观全球各国人工智能的发展状况，美国仍然是毫无疑问的领头羊，中国紧随其后。中美仍有不小差距，但中国在快速追赶。

从人工智能产业链各环节来看，我国人工智能产业发展具有如下特点：

（1）互联网企业：充分发挥自身领域优势，率先推出了一系列的智能化产品和服务。

（2）传统行业企业：积极利用人工智能进行转型升级。

（3）大学与科研院所：致力于理论与技术研究和成果转化。

（4）初创企业：爆发式出现。

目前，各地政府也密集出台人工智能产业配套扶持资金政策，真正解决了企业发展的实际问题，目前已经有超过 30 个城市将机器人产业作为当地的重点发展对象，各地政府建成和在建的机器人产业园达到 40 余家。从各地产业政策上看，北京提出的人工智能产业扶持领域最为全面，覆盖了从脑科学到智能硬件制造的全产业链环节；上海作为国家机器人检测与评定中心总部，提出到 2020 年平均每年新增 3 000 台以上机器人；沈阳作为国家机器人检测与评定分中心之一，拥有新松机器人等企业基础，政策上提出设立 200 亿元机器人产业发展基金。在未来 5 年，北京、沈阳和上海将在人工智能产业实现领先发展。

国内互联网巨头 BAT 等也不甘示弱。

1. 百度

企业概况：在人工智能方面，百度目前拥有语音、图像、NLP 等多项技术，是人工智能领域国内布局最早最全面的公司，从 2013 年开始搭建 AI 团队，同时涉足了深度学习与自动驾驶领域，并推出了"百度大脑"计划，于 2017 年展出了 Apollo 自动驾驶平台。

主要产品：对话式人工智能系统（小度）、无人驾驶开发平台 Apollo。

研发布局思路：先搭平台、造开放生态，形成计算能力、场景应用和算法的正循环，技术主要面向开发者。

（1）引进高精尖人才，组建强大技术团队。

2014年5月，人工智能和机器学习领域的国际权威学者吴恩达进入百度，并负责领导北美研究中心，由其领导的北美研究中心为百度招揽了更多人工智能领域的高精尖人才，通过组建强大的技术团队，为百度的人工智能发展提供坚实的技术后盾。

（2）大数据积累和平台开放。

大数据是开展人工智能的重要基础，而百度在大数据获取以及挖掘方面有天然的优势，百度除了积累和挖掘数据之外，还加快了开放大数据平台的步伐。2014年4月，百度发布了大数据引擎，推出了大数据存储、分析和挖掘技术，并在医疗、交通和金融领域实现具体应用。

（3）语音识别和图像识别。

研发团队于2014年底开发出一种新的语音识别技术——Deep Speech（深度语音识别系统），这款语音识别系统在嘈杂的环境下辨识准确率可以达到81%左右。

在图像识别方面，2014年9月，借鉴百度深度学习研究院开发的人脸识别和检索技术，百度云推出了云端图像识别功能。11月，百度发布了"智能读图"，可以利用一种类似于人脑的思维方式识别图片中的物体等。

（4）人工智能算法和云计算。

百度正在推进的"百度大脑"项目不仅需要人工智能算法的支持，同时也需要云计算中心在硬件方面的支持。百度大脑利用计算机技术模拟人脑，参数规模已经达到了百亿级，打造了世界上最大规模的深度神经网络。

（5）自动驾驶项目。

2014年9月，百度与宝马签署合作协议，双方将携手共同研发自动化驾驶技术，宝马的车辆导航系统将融入百度的三维地图以及数据服务，在自动驾驶汽车方面，百度将充分发挥自己掌握的技术优势。双方将共同应对高度自动化驾驶在中国道路环境上出现的技术门槛，运用智能技术提高自动驾驶的安全性。

2. 阿里巴巴

企业概况：阿里巴巴在零售、金融、物流、企业服务端有先天优势，人工智能产业自然围绕以上业务进行布局，给商家提供技术支持。在人工智能布局思路上，阿里巴巴几乎从不强调其在人工智能技术上的突破，而更强调将人工智能技术应用到商业场景之中。不论是城市大脑、辅助驾驶还是图像识别等都在大力推动人工智能应用于各种不同商业场景。

主要产品：ET 大脑。

研发布局思路：以阿里云为基础绘制人工智能蓝图，阿里巴巴凭借电商、支付和云服务资源优势与人工智能技术深度融合，将技术优势逐步面向多领域发展，如电商、金融及其他传统产业（工业、交通、零售等）。

（1）人工智能 ET 在工业、环境、医疗、智慧城市等多领域全面开花。

2016 年阿里云推出人工智能 ET（人工智能系统），基于阿里云计算能力，ET 具备了智能语音交互、图像与视频识别、交通预测、情感分析等多项核心技能，同时具备多维感知、全局洞察、实时决策等能力。阿里云 ET 大脑已经在现代工业、环境、医疗、智慧城市数据领域展开布局并先后有项目落地。

（2）人工智能产品矩阵布局，将技术沉淀到产业。

从 2015 年开始，阿里云推出人工智能产品，包括语音识别，还有图像识别、视觉识别等 130 多款细分产品，适用于 300 多个场景，重视人工智能产业应用的落地。

（3）人工智能有关上游产业布局，谋求构建更强悍的计算能力主线。

阿里云的产品家族覆盖了从通用计算到高性能计算的全领域，并且正式构建起了从公共云到专有云的全路径的输出体系，而这样的能力的最终体现，就是以 ET 大脑为代表的工业、城市、航空、医疗等全面解决方案。2017 年 8 月阿里巴巴参投了中国人工智能芯片公司寒武纪。

3. 腾讯

企业概况：腾讯主营业务是社交和游戏，自然人工智能研究目的比较明确，游戏是其首先落地的场景，同时通过收购和投资人工智能公司补足技术上的不足。

主要产品：腾讯小冰、小微和叮当语音助手、腾讯深度学习平台 DI-X。

研发布局思路：以业务为驱动，研究主要围绕内容、游戏、社交、图像、硬件、语音六类产品展开，以智能舆情、智能医疗、智能游戏、智能音箱 4 条主线布局人工智能。

（1）加速技术研发共同体的组建和积累。

腾讯注重人工智能在核心人才方面的布局，着手组建了三个人工智能实验室，专注于基础研究。

优图实验室：成立于 2012 年，专注于图像处理、模式识别、机器学习、数据挖掘等领域的研究，并多次在 MegaFace、LFW 等国际人工智能的权威比赛中刷新世界纪录。

人工智能联合实验室：成立于 2015 年，是微信人工智能团队和香港科技大学联合成立，以人工智能为主要研究方向，借助大数据拓展机器学习边界。

腾讯人工智能 Lab：成立于 2016 年，聚焦于基础研究与应用探索的结合，是企业级的人工智能实验室，专注于四大基础研究和四大应用探索的结合，分别是计算机视觉、语音识别、自然语言处理、机器学习，每个领域代表一个基础研究方向，在研究的同时，又能进行深层次的研究拓展。

（2）构建消费共同体，创建人工智能多维应用场景。

在技术和研发的支持下，目前腾讯在人工智能领域的布局，除了游戏、内容、社交，还有金融、医疗等传统领域。

游戏人工智能：腾讯推出的围棋人工智能绝艺应该算是游戏人工智能的代表。社交人工智能：说到腾讯的社交，自然不离微信和 QQ 两款王者产品。以腾讯翻译君为例，其提供的自然语言翻译服务，就包括语音识别、精准文字识别 OCR 等技术，以便满足多场景、多行业的翻译需求。金融人工智能：典型案例如腾讯理财通。该产品借助腾讯在自然语言处理领域的积累，配合业务产品本身建立客服机器人系统，从而大量减少人力的投入。医疗人工智能：2017 年，腾讯推出首款人工智能医学影像产品"腾讯觅影"，通过图像识别和深度学习方法对医学影像（如内窥镜、CT、眼底照相、病理、超声、MRI 等）进行训练学习，从而达到对病灶的智能识别，以助于疾病的早期筛查。

（3）与优必选企业合作。

2017 年 6 月，优必选联合腾讯发布了智能教育娱乐人形机器人 Qrobot Alpha；2018 年 2 月，优必选联手腾讯推出个性化智能教育机器人 Alpha Ebot；2018 年 9 月，优必选联合腾讯共同研发的便携式机器人悟空正式发布。优必选与腾讯的合作，整合了双方的技术优势以及腾讯众多的优质内容，提供了智能助手产品形态和平台级的业务支持，连接了广泛的智能化需求和海量的服务资源。

1.2.3　人工智能市场竞争格局

1.2.3.1　市场分布情况 *

截至 2018 年，全球人工智能市场规模已经达到 1 175 亿美元，增速高达 70%。2019 年第一季度，全球人工智能核心产业市场规模超过 162.7 亿美元，相较于 2018 年同比增长 37.3%，其中基础层市场规模约为 32.5 亿美元，技术层市场规模约为 50.5 亿美元，而应用层市场规模最大为 79.7 亿美元（见图 1-2-1）。

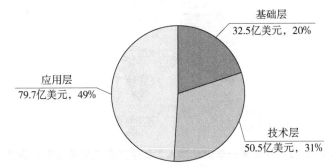

图1-2-1　2019 年第一季度全球人工智能产业各层级市场规模

具体到核心产业的各个层级，全球市场规模中基础层智能芯片占比仍然最高，约为 16.3 亿美元，表明智能芯片仍然是未来全球人工智能产业的重要发展方向之一，此外算法模型和智能传感器体量相当，分别为 6.5 亿美元和 9.7 亿美元；技术层方面，得益于智能语音助理和人机语音交互技术的大幅度进步，语音识别市场迎来全面爆发期，达到 34.8 亿美元，占据技术层整体规模的 2/3 以上，图像视频识别（计算机视觉）次之为 12.1 亿美元，文本识别（自然语言处理）相对市场规模较小仅为 3.6 亿美元；应用层市场规模分布较为平均，智能教育和智能安防市场规模分别为 12.5 亿美元与 12.7 亿美元，均为 16% 左右，其他产业发展规模继续保持稳步增长（见图 1-2-2）。

＊ 数据信息由中商产业研究院整理。

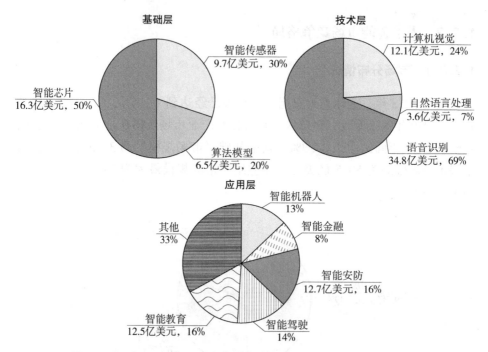

图1-2-2 2019年第一季度全球人工智能产业细分领域市场规模

2017年中国人工智能市场规模达到23亿美元，增长率达到51.2%。随着人工智能技术的逐渐成熟，科技、制造业等业界巨头布局的深入，应用场景不断扩展，2018年中国人工智能市场规模约为35.6亿美元，增长率达到56.6%。❶ 2019年第一季度我国人工智能核心产业市场规模超过24亿美元，相较于2018年同比增长约34.8%，其中基础层市场规模约为4.8亿美元，技术层市场规模约为7亿美元，应用层市场规模约为12.2亿美元（见图1-2-3）。

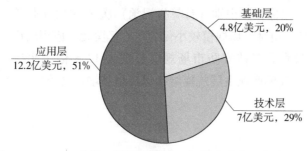

图1-2-3 2019年第一季度我国人工智能产业各层级市场规模

---

❶ 数据信息由中商产业研究院整理。

　　如图 1-2-4 所示，市场规模方面，智能芯片在基础层产业中占比最大为 2.6 亿美元，智能传感器和算法模型分别达到 1.2 亿美元和 1.0 亿美元，整体产业结构与全球特征趋势匹配；技术层方面语音识别占据了绝大部分市场份额，达到 4.7 亿美元，图像视频识别（计算机视觉）市场规模居中为 1.6 亿美元，而文本识别（自然语言处理）市场规模只有 0.7 亿美元左右，仍存在相当的发展潜力；由于国内市场特定的场景需求与消费习惯，智能机器人和智能安防等产业发展较快，领跑应用层市场，分别达到 2.4 亿美元和 2.0 亿美元，智能驾驶产业规模达到 1.2 亿美元，发展态势良好，未来有望进一步提高市场份额。❶

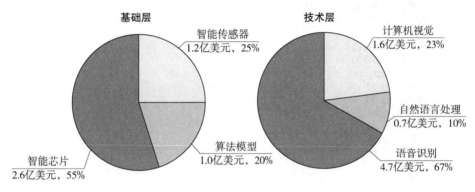

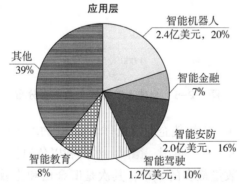

图1-2-4　2019 年第一季度我国人工智能产业细分领域市场规模

---

❶　CIE 智库. 2019 年第一季度人工智能产业数据概览［EB/OL］.（2019-04-23）. http://www. qianjia.com/html/2019-04/23_334238.html.

1.2.3.2 企业分布情况

1. 全球及中国企业分布情况

截止到 2018 年 6 月，全球共监测到人工智能企业总数达 4 925 家，其中美国人工智能企业数 2 028 家，位列全球第一。中国（不含港澳台地区）人工智能企业总数 1 011 家，位列全球第二，其次分别是英国、加拿大和印度（见图 1-2-5）。

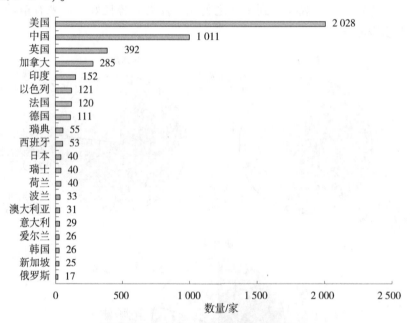

图1-2-5　全球人工智能企业数量分布

从城市看，全球人工智能企业数量排名前 20 的城市中，美国占 9 个，中国占 4 个，加拿大占 3 个，英国、德国、法国和以色列各 1 个，其中北京成为全球人工智能企业数量最多的城市，其次是旧金山和伦敦。上海、深圳和杭州的人工智能企业数量也进入了全球前 20 名（见图 1-2-6）。

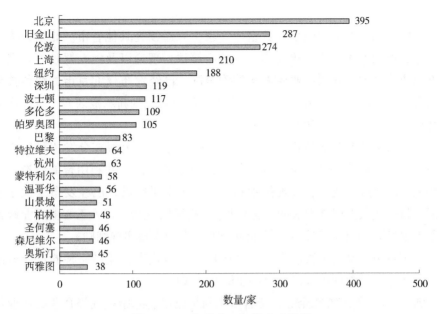

图1-2-6 全球人工智能企业数量

在中国，人工智能企业主要集中在北京、上海和广东三地（见图1-2-7）。●

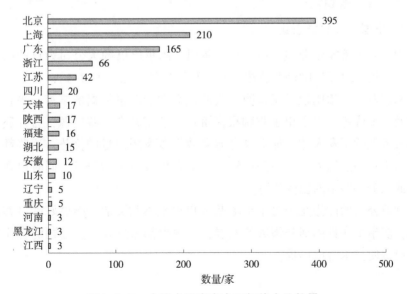

图1-2-7 中国主要省市人工智能企业数量

❶ 清华大学中国科技政策研究中心. 中国人工智能发展报告 2018 ［EB/OL］．（2018-07-13）．
http://www.cbdio.com/BigData/2018-07/17/content_5767419.htm.

其中，北京人工智能企业数量 395 家，遥遥领先其他省市。北京聚集龙头企业、顶尖人才、资本等要素，在核心算法、理论以及无人驾驶等新兴应用方面快速发力，各项产业要素均领跑全国，已经发布《北京市加快科技创新培育人工智能产业的指导意见》《中关村国家自主创新示范区人工智能产业培育行动计划（2017—2020 年）》。

上海人工智能企业数量 210 家，位居全国第二。上海充分发挥科研人才优势，重点推进脑科学、机器学习等关键技术的研发，并利用智能制造、交通物流等广泛应用场景，实现技术和应用示范双重突破。已经发布《关于本市推动新一代人工智能发展的实施意见》、杨浦区《新一代人工智能产业政策与重点项目》和《上海市人工智能创新发展专项支持实施细则》。

广东共 165 家人工智能企业，其中以深圳为代表，凭借完善的产业链配套，重点打造了深圳湾人工智能产业链专业园区。

浙江 66 家人工智能企业，全省依托阿里巴巴、海康威视等企业的产业优势，以"城市大脑"应用为突破口，并通过人工智能产业园和人工智能小镇构建产业生态。已经发布《浙江省新一代人工智能发展规划》《杭州市科技创新"十三五"规划》。

2. 中国人工智能企业

中国人工智能企业包括以百度、腾讯、阿里巴巴的大公司为首的巨头公司以及一批应时而生的创业公司，两者互补共存（见表 1-2-1）。

和创业公司相比较，互联网巨头的优势在于海量数据的掌控、平台、渠道以及资金优势，可以出手收购很多资产，甚至整合一些资源，另外还吸引了绝大多数的研发人才，加上自身海量数据以及用户量的优势，这些都是创业公司不具备的能力，巨头公司致力于平台以及技术的研发，同时也在不断收购或投资一些小的创业公司。

创业公司的优势在于对于市场及客户更敏感和灵活，能更好满足客户的需求，多集中在具体细分领域的发展，多数也都通过和巨头公司的合作以及受其投资使技术落地场景。

表1-2-1　中国人工智能企业代表

产业链	技术分支	企业代表
基础层	传感器	饮冰科技、镭神智能、思岚科技、北醒光子
	AI 芯片	寒武纪科技、地平线机器人
	数据	数据堂计算力、阿里巴巴、百度
技术层	语音识别、自然语言处理	思必驰、百度、科大讯飞、出门问问、捷通华生、腾讯、三角兽、云知声
	机器学习、深度学习	深鉴科技、中科视拓
	人工智能平台	达闼科技、第四范式
	计算机视觉	依图科技、格灵深瞳、旷视科技、商汤科技
应用层	机器人	极智嘉、若琪、图灵机器人、优必选
	自动驾驶	百度、天瞳威视、地平线机器人、驭势科技
	语音助手	百度、出门问问
	无人机	大疆、亿航、小黑侠、零度智控
	商业智能	永洪科技、数据智慧
	消费者服务	爱客服

1.3　人工智能产业国内外相关政策

1.3.1　国外相关政策

近年来，世界各国关注和推进人工智能领域研究，围绕人工智能发展制定了相应的国家战略和政策。

1. 美国

2011 年，美国发布《国家机器人计划》，以建立美国在下一代机器人技术及应用方面的领先地位。

2013 年，白宫成立"人工智能和机器学习委员会"，用于协调全美各界在人工智能领域的行动，提高对人工智能和机器学习的使用，以提升政府办公效率。

2016 年，美国发布《为人工智能的未来做好准备》《国家人工智能研究与发展战略规划》将人工智能发展上升到国家战略高度，确定了研发、人机交互、社会影响、安全、开发、标准、人才七项长期战略。

2017 年，美国发布《人工智能与国家安全》，提出制定人工智能和国家安全未来政策的三个目标，保持美国技术领先优势，支持人工智能用于和平和商业用途，减少灾难性风险；《人工智能未来法案》要求商务部设立联邦人工智能发展与应用咨询委员会，并阐明了发展人工智能的必要性，对人工智能的相关概念进行了梳理，明确了人工智能咨询委员会的职责、权力、人员构成、经费等内容。

2018 年，白宫召开"人工智能峰会"，旨在推动机器人、算法和人工智能等技术的快速部署。

2019 年，美国总统特朗普签署《美国人工智能倡议》，加强国家和经济安全，确保美国在人工智能和相关领域保持优势，并提高美国人的生活质量。

美国发布的人工智能政策着力点在于应对人工智能蓬勃发展的大趋势，着眼长期对国家安全与社会稳定的影响与变革，同时美国作为科技引领性强国，保持美国对人工智能发展始终具有主动性与预见性，对于重要的人工智能领域（互联网领域；芯片、操作系统等计算机软硬件领域；以及金融业、军事和能源领域）力图保持世界领先地位。美国力图探讨人工智能驱动的自动化对经济的预期影响，研究人工智能给就业带来的机遇和挑战，进而提出战略以应对相关影响。

2. 欧盟

2014 年，欧盟发布《2014—2020 年欧洲机器人技术战略研究计划》和《地平线 2020 战略——机器人多年度发展战略图》，促进机器人行业和供应链建设，并将先进机器人技术的应用范围拓展到海陆空、农业、健康、救援等领域，以扩大机器人技术对社会和经济的有利影响，提高生产力，减少资源浪费，希望在 2020 年欧洲能够占到世界机器人技术市场的 42% 以上，以此保持欧洲在世界的领先地位。

2016 年，欧盟发布《对欧盟机器人民事法律规则委员会的建议草案》《欧盟机器人民事法律规则》，建议欧盟成立监管机器人人工智能的专门机构，制定人工智能伦理准则，赋予自助机器人法律地位，明确人工智能知识产权等。

2018 年，欧盟发布《欧盟人工智能》，描述了欧盟在国际人工智能竞争中的地位，并制订了欧盟人工智能行动计划，提出三大目标：增强欧盟的技术与产业能力和推进人工智能应用、为迎接社会经济变革做好准备、确立合适的伦理和法律框架。欧盟发布《人工智能道德准则》，指出人工智能的发展方向应该是"可信赖人工智能",即确保这一技术的目的合乎道德,技术足够稳健可靠,从而发挥其最大的优势,并将风险降到最低,该准则旨在为人工智能系统的具体实施和操作提供指导。

欧盟以德、美、法为代表的欧洲国家,着重关注的是人工智能带来的伦理和道德风险,在政策制定上关注如何应对人工智能给人类造成的潜在安全、隐私、诚信、尊严等伦理和道德风险,在政策制定上关注如何应对人工智能给人类造成的安全、隐私、诚信、尊严等伦理方面威胁。

3. 日本

2015 年,日本发布《新机器人战略》,提出三大核心目标,即世界机器人创新基地、世界第一的机器人应用国家、迈向世界领先的机器人新时代。

2016 年,日本发布《日本再兴战略》,提出实现第四次产业革命的具体措施,通过设立"人工智能战略会议"从产学官相结合的战略高度来推进人工智能的研发和应用。

2017 年,日本发布《人工智能的研究开发目标和产业化路线图》,对生产、医疗、移动领域中人工智能应用前景做出了详细描述,最后还给出了促进政府、企业、学校三方合作以及促进创新企业发展的政策方针;发布《人工智能技术战略》,阐述了日本政府为人工智能产业化发展所制定的路线图,包括三个阶段在各领域发展数据驱动人工智能技术应用、在多领域开发人工智能技术的公共事业,连通各领域建立人工智能生态系统;发布《科学技术创新综合战略 2017》,重点论述了 2017—2018 年度应重点推进的举措,包括实现超智能社会(Society 5.0)的必要举措,今后应对经济社会问题的策略,加强资金改革,构建面向创造创新人才、知识、资金良好循环的创新机制,加强科学技术创新的推进功能等六项重点项目。

日本的人工智能政策发布较晚,政策预期在国家层面建立起相对完整的人工智能研发促进机制,希望借力人工智能来推进其超智能社会的建设。

4. 德国

2013 年,德国发布《保障德国制造业的未来:德国工业 4.0 战略实施建议》,其核心是智能制造,通过嵌入式的处理器、存储器、传感器和通信模块,把设备、产品、原材料、软件联系在一起,使得产品和不同的生产设备能够互联互通并交换命令。

2017 年,德国发布《自动和联网驾驶》,提出保持在自动驾驶领域的领先地位是"国家持续发展和繁荣的基础",通过立法为其发展创造条件,是战略的行动重点之一。

2018 年，德国联邦政府内阁 7 月 18 日通过了《联邦政府人工智能战略要点》，希望通过实施这一纲要性文件，将该国对人工智能的研发和应用提升到全球领先水平。

5. 英国

2013 年，英国政府将机器人和人工智能系统（RAS）列入英国八大技术。

2016 年，英国发布《人工智能：未来决策制定的机遇与影响》，阐述了人工智能的未来发展对英国社会和政府的一些影响，论述了如何利用英国的独特人工智能优势，增强英国国力；发布《机器人技术和人工智能》，主要关注英国机器人、自动化和人工智能产业整体，针对英国如何充分利用自身优势，把握产业发展过程中的机遇进行了分析。

2017 年，英国发布《在英国发展人工智能》，建议英国应更多在图灵的遗产上发展，以保持在人工智能领域的领导者角色。

6. 法国

2013 年，法国发布《法国机器人计划》，旨在创造有利条件，推动机器人产业持续发展，并实现"到 2020 年成为世界机器人领域前五强"的目标。

2017 年，法国发布《人工智能战略》，确定了政府的首要任务，重点是在尊重隐私和道德的基础上开发法国人工智能模型。该战略的主要内容包括引导人工智能前沿技术研发，培育后备力量；促进人工智能技术向其他经济领域转化，充分创造经济价值以及结合经济、社会与国家安全问题考虑人工智能发展。

2018 年，法国发布《法国及欧洲的人工智能战略研究报告》，指出法国人工智能的发展将特别聚焦在健康、交通、环境和国防与安全这四个优先领域。

1.3.2 国内相关政策

我国人工智能政策在初期偏向于互联网领域，中期关注大数据和基础设施，而 2017 年后人工智能成为核心的主题，知识产权保护也成为重要主题。目前中国的人工智能产业战略从国家层面对人工智能进行系统布局，党的十九大报告要求"推动互联网、大数据、人工智能和实体经济深度融合"，强调规划实施要构建开放协同的人工智能科技创新体系，把握人工智能技术属性和社会属性高度融合的特征，坚持人工智能研发攻关、产品应用和产业培育"三位一体"推进，强化人工智能对科技、经济、社会发展和国家安全的全面支撑。

具体来看，在国家政策方面，人工智能自 2016 年起进入国家战略地位，相关政策进入爆发期。

2015 年 5 月，国务院印发《中国制造 2025》，提出加快推动新一代信息技术与制造技术融合发展，把智能制造作为两化深度融合的主攻方向，着力发展智能装备和智能产品，推动生产过程智能化，其中"智能制造"被定位为中国制造的主攻方向，而这里智能的概念，其实可以看作人工智能在制造业的具象体现。

2015 年 7 月，国务院印发《国务院关于积极推进"互联网+"行动的指导意见》，该指导意见中将人工智能作为其主要的 11 项行动之一。明确提出，依托互联网平台提供人工智能公共创新服务，加快人工智能核心技术突破，促进人工智能在智能家居、智能终端、智能汽车、机器人等领域的推广应用；要进一步推进计算机视觉、智能语音处理、生物特征识别、自然语言理解、智能决策控制以及新型人机交互等关键技术的研发和产业化。

2016 年 1 月，国务院发布《"十三五"国家科技创新规划》，将智能制造和机器人列为"科技创新 2030 项目"重大工程之一。

2016 年 3 月，《国民经济和社会发展第十三个五年规划纲要（草案）》发布，提出要重点突破新兴领域的人工智能技术，人工智能概念进入"十三五"重大工程。

2016 年 4 月，工业和信息化部、国家发展改革委、财政部等三部委联合印发了《机器人产业发展规划（2016—2020 年）》。

2016 年 5 月，国家发展改革委、科技部、工业和信息化部、中央网信办发布联合印发《"互联网+"人工智能三年行动实施方案》，提出到 2018 年"形成千亿级的人工智能市场应用规模"，确定了在 6 个具体方面支持人工智能的发展，包括资金、系统标准化、知识产权保护、人力资源发展、国际合作和实施安排；确立了在 2018 年前建立基础设施、创新平台、工业系统、创新服务系统和人工智能基础工业标准化这一目标。

2016 年 7 月，国务院印发《"十三五"国家科技创新规划》。该规划指出，要重点发展大数据驱动的类人智能技术方法；突破以人为中心的人机物融合理论方法和关键技术，研制相关设备、工具和平台；在基于大数据分析的类人智能方向取得重要突破，实现类人视觉、类人听觉、类人语言和类人思维，支撑智能产业的发展。

2016 年 9 月，国家发展改革委在《国家发展改革委办公厅关于请组织申报"互联网+"领域创新能力建设专项的通知》中，提到了人工智能的发展应用问题，为构建"互联网+"领域创新网络，促进人工智能技术的发展，应将人工智能技术纳入专项建设内容。

2016 年 9 月，工业和信息化部和国家发展改革委联合制定了《智能硬件产业创新发展专项行动（2016—2018 年）》。

2017 年 3 月，在十二届全国人大五次会议的政府工作报告中，人工智能首次被写入国务院的《政府工作报告》，正式进入国家战略层面。李克强总理在《政府工作报告》中提到，要加快培育壮大新兴产业，全面实施战略性新兴产业发展规划，加快人工智能等技术研发和转化，做大做强产业集群。

2017 年 7 月，国务院印发《新一代人工智能发展规划》，提出了"三步走"的战略目标，宣布举全国之力在 2030 年抢占人工智能全球制高点，人工智能核心产业规模超过 1 万亿元，带动相关产业规模超过 10 万亿元。

2017 年 10 月，人工智能进入十九大报告，将推动互联网、大数据、人工智能和实体经济深度融合。

2017 年 12 月，工业和信息化部印发《促进新一代人工智能产业发展三年行动计划（2018—2020 年）》，作为对 7 月发布的《新一代人工智能发展规划》的补充。该计划提出，以信息技术与制造技术深度融合为主线，以新一代人工智能技术的产业化和集成应用为重点，推进人工智能和制造业深度融合，加快制造强国和网络强国建设。

2018 年 1 月 18 日，"2018 人工智能标准化论坛"发布了《人工智能标准化白皮书（2018 版）》。国家标准化管理委员会宣布成立国家人工智能标准化总体组、专家咨询组，负责全面统筹规划和协调管理我国人工智能标准化工作，并对《促进新一代人工智能产业发展三年行动计划（2018—2020 年）》及《人工智能标准化助力产业发展》进行解读，全面推进人工智能标准化工作。

2018 年 3 月，2018 年国务院《政府工作报告》指出，加强新一代人工智能研发应用；在医疗、养老、教育、文化、体育等多领域推进"互联网+"；发展智能产业，拓展智能生活。

2018 年 11 月，工业和信息化部发布《新一代人工智能产业创新重点任务揭榜工作方案》，力争在标志性技术、产品和服务方面取得突破。

综合以上政策可知，政策的重点从人工智能技术转向技术和产业的融合，人工智能与产业的融合将是未来的重点，预示着人工智能将从技术走向应用。

1.4　人工智能产业发展趋势及存在问题

1.4.1　产业发展趋势

目前，人工智能技术逐步成熟，产业应用领域不断深入，人工智能相关政策持续出台，人工智能行业的发展已进入爆发式增长阶段。

1. 巨头掌握基础层资源

人工智能的基础平台需要三大要素：超算能力、顶尖的深度学习算法人才、海量的数据资源，每一样都有极高的门槛，这决定了基础层只能是少数巨头能够把控的领域。科技巨头长期投资基础设施和技术，同时以场景应用作为流量入口，积累应用，成为主导的应用平台，将成为人工智能生态构建者（如谷歌、亚马逊、脸书、阿里云等）。在某个行业应用场景数据资源相同的情况下，基础层的企业因为能够从最基本的神经网络模型算法作出相应的适配和改进，往往体现出其他企业难以超越的优势。

2. 技术层以 AI-SaaS 模式拓展行业应用范围

人工智能通用技术的所有者提供 AI-SaaS 服务已经成为一种趋势。各科技巨头纷纷开放自身掌握的第三方合作伙伴。如谷歌开放基于深度学习的自然语言处理的 API，第三方用户可以利用其情感分析、实体 Wason 的自然语言处理 API，借助该 API，可以使用自然语言处理解释不同的用户指令，并将这些指令传达给不同的智能家居软件，如控制灯光的应用，为人通过本文或语言同机器通信提供便利。开发语音交互的第三方公司可以直接采用自然语音处理的 API 来开发自己的产品。

3. 场景应用优先爆发于数据化高的行业

产业应用方面，人工智能技术的快速发展，推动人工智能与电子终端和垂直行业加速融合，涌现出了智能家居、智能汽车、可穿戴设备、智能机器人等一批人工智能产品，并正在全面重塑家电、机器人、医疗、教育、金融、农业等行业。安防、医疗、金融、教育、零售等行业数据电子化程度较高、数据较集中且数据质量较高，因此在这些行业将会率先涌现大量的人工智能场景应用。

在未来，人工智能领域的投资将以"AI+行业"的方式展开，人工智能应用场景较为成熟且需求强烈的领域，如安防、语音识别、医疗、智慧城市、金融等领域，带来升级转换，提高行业智能化水平，改善企业的营利能力。

随着诸如无人驾驶汽车等认知智能技术的加速突破与应用，人工智能市场将加速爆发。

目前人工智能的应用领域还多处于专用阶段，如人脸识别、视频监控、语音识别等都主要用于完成具体任务，覆盖范围有限，产业化程度有待提高。随着智能家居、智慧物流等产品的推出，人工智能的应用终将进入面向复杂场景、处理复杂问题、提高社会生产效率和生活质量的新阶段。

1.4.2　存在问题

近年来，人工智能技术研发快速增长，专利申请量大幅增加，人工智能正从理论研究转向商业应用。同时，人工智能的快速发展也带来一系列法律、安全、伦理、隐私以及知识产权等问题。

（1）人工智能是否具备独立法律主体资格问题。人工智能生成内容是否能够成为著作权法上的"作品"？能否申请专利？谁对其生成内容享有权利、承担责任？人工智能植入的数据资料是否构成侵权？人工智能主体是否享有宪法上的权利，是否能够独立承担以及如何承担民事和刑事责任？

（2）人工智能带来的隐私问题。人工智能收集的数据是否侵犯他人隐私，通过人脸识别、语音识别和相关算法输出的反馈结果是否侵犯他人隐私等。

（3）缺乏对人工智能技术的监管和长效机制。如人工智能技术的研发边界和限制问题，人工智能的科技伦理与道德问题等。

（4）人工智能的发展对知识产权体系的影响。人工智能数据是否涉及侵犯知识产权问题，人工智能技术如何在不同司法管辖区的专利申请中解释和审查标准问题，如何有效保护人工智能商业模式及算法，如何将人工智能技术用于专利检索和审查等。

此外，我国人工智能整体发展水平与发达国家相比仍存在差距，缺少重大原创成果，在基础理论、核心算法以及关键设备、高端芯片、重大产品与系统、基础材料、元器件、软件与接口等方面差距较大；科研机构和企业尚未形成具有国际影响力的生态圈和产业链，缺乏系统的超前研发布局；人工智能尖端人才远远不能满足需求；适应人工智能发展的基础设施、政策法规、标准体系亟待完善。❶

---

❶　国务院. 新一代人工智能发展规划［EB/OL］. (2017-07-08). http://www.gov.cn/home/2017-07/20/content_5212053.htm.

第2章 人工智能技术专利状况分析

2.1 专利申请总体分析

人工智能的含义范畴随着技术的进步在不断改变，本书人工智能技术的专利分析截取 2000 年 1 月 1 日至 2019 年 5 月 31 日的专利申请作为分析对象，以供业界参考。

同时，业界对于人工智能的分类目前尚不统一。根据基础层、技术层、应用层这个业界公认的框架，以及参考中国电子学会发布的《新一代人工智能发展白皮书 2017》、中国电子技术标准化研究院发布的《人工智能标准化白皮书（2018 版）》，本书提出了具有一级、二级、三级分支的分类体系。

人工智能包括基础硬件、通用技术和智能应用三大一级分支。

基础硬件主要指人工智能中涉及的硬件，具体分为智能芯片和智能传感器。智能芯片包括通用芯片、专用芯片、类脑芯片、量子芯片及其他芯片；智能传感器包括运动传感器、环境传感器、光学传感器及其他传感器。

通用技术主要指人工智能软件方面的基础的、底层的技术，可以通用于人工智能领域各个方面，具体分为基础算法和应用技术。基础算法包括机器学习、神经网络和深度学习；应用技术包括机器视觉、语音感知和自然语言处理。

智能应用由于已经渗透到各行各业和各个领域，本书中根据国家政策与计划，结合行业广泛共识，选取了智能机器人、智能终端、智能驾驶、智能安防、智能家居、智能医疗和智能电网七大应用行业。

由此，对 2000 年 1 月 1 日至 2019 年 5 月 31 日涉及上述人工智能技术的专利申请在中国专利申请数据库和全球专利申请数据库中进行检索，得到中文申请量为 582 643 件（约 58 万件），全球申请量为 1 101 057 项（约 110 万项)，以此作为本书专利分析的依据。其中人工智能各分支所具有中国专利申请数量和全球专利申请数量见表2-1-1。

表2-1-1　中国及全球人工智能专利申请数量表

一级分支	二级分支	三级分支		
基础硬件 中国：43 829 件 全球：115 101 项	智能芯片 中国：8 331 件 全球：24 144 项	通用芯片　中国：2 947 件　全球：8 817 项		
		专用芯片　中国：4 647 件　全球：13 230 项		
		类脑芯片　中国：484 件　全球：1 045 项		
		量子芯片　中国：375 件　全球：1 375 项		
		其他芯片　中国：390 件　全球：739 项		
	智能传感器 中国：35 498 件 全球：90 957 项	运动传感器　中国：7 481 件　全球：13 871 项		
		环境传感器　中国：10 525 件　全球：22 742 项		
		光学传感器　中国：11 482 件　全球：44 085 项		
		其他传感器　中国：7 889 件　全球：15 054 项		
通用技术 中国：166 678 件 全球：325 193 项	基础算法 中国：36 390 件 全球：49 506 项	机器学习　中国：15 498 件　全球：28 470 项		
		神经网络　中国：19 238 件　全球：24 399 项		
		深度学习　中国：13 437 件　全球：16 088 项		
	应用技术 中国：145 728 件 全球：289 284 项	视觉感知　中国：110 195 件　全球：212 949 项		
		语音感知　中国：23 029 件　全球：51 492 项		
		自然语言处理　中国：22 019 件　全球：41 777 项		
智能应用 中国：473 569 件 全球：931 409 项	智能机器人 中国：108 528 件 全球：185 853 项	服务机器人　中国：80 580 件　全球：159 305 项		
	智能终端 中国：78 296 件 全球：138 734 项	无		
	智能驾驶 中国：103 572 件 全球：166 795 项	自动驾驶汽车　中国：70 026 件　全球：89 114 项		
		无人机　中国：15 075 件　全球：24 291 项		
	智能安防 中国：62 486 件 全球：178 754 项	无		

一级分支	二级分支	三级分支
智能应用 中国：473 569 件 全球：931 409 项	智能家居 中国：92 750 件 全球：159 105 项	无
	智能医疗 中国：110 098 件 全球：268 799 项	无
	智能电网 中国：15 285 件 全球：20 780 项	无

　　通过人工智能在中国专利申请和全球专利申请的总体数据（见表2-1-2）可知，在人工智能领域，中国占有很重要的地位，数量上中国专利申请占有率最高，占全球专利申请数量的31%，其次是美国和日本。对于人工智能各分支的专利布局，无论全球专利申请还是中国专利申请，智能应用的专利申请数量都达到了80%以上，是最主要的创新方向。

表2-1-2　人工智能专利申请总体数量表

分析项目	全球 （同族专利 1 101 057 项）	中国 （582 643 件）
时间范围	2000-1-1—2019-5-31	2000-1-1—2019-5-31
发展趋势	2000—2010 年缓慢增长期； 2011—2015 年快速上升期； 2016 年至今爆发期； 2017 年达到峰值 12 万项	2000—2009 年起步期； 2010—2015 年快速上升期； 2016 年至今爆发期； 2017 年达到峰值 9 万件
区域分布	中国：345 097 项（31%） 美国：276 149 项（25%） 日本：250 166 项（23%） 韩国：105 057 项（9%） 德国：38 355 项（3%） WO：22 916 项（2%） 欧洲：18 876 项（2%）	中国：469 781 件（80%） 美国：41 221 件（7%） 日本：29 011 件（6%） 韩国：13 763 件（2%） 德国：8 985 件（1%） 荷兰：6 756 件（1%） 法国：3 126 件（0.5%）

续表

分析项目	全球 （同族专利 1 101 057 项）	中国 （582 643 件）
主要技术领域	基础硬件：94 762 项（8%） 通用技术：276 425 项（25%） 智能应用：931 445 项（85%）	基础硬件：57 910 件（10%） 通用技术：138 943 件（23%） 智能应用：473 623 件（81%）

2.2 专利申请态势分析

中国专利申请起步晚、增长快，已成为人工智能领域的主要创新主体国。

从 2000 年至 2019 年，与人工智能相关的全球和中国的专利申请量变化趋势基本一致。2000—2010 年期间申请量缓慢增长，之后专利申请逐年提高，自 2015 年起全球和中国申请量都呈现爆发态势，这也与人工智能于 2016 年起开始进入产业发展期相一致（见图 2-2-1）。

中国的专利申请起步晚于全球的专利申请，中国专利申请在 2000 年仅为近 2 000 件，2006 年才达到 1 万件的量级，而全球专利申请在 2000 年就达到 2 万件的量级，2006 年达到了 4 万件的量级。

但自 2011 年以来中国申请的增长率明显高于全球申请的增长率。2011 年之后的专利申请量占到 2000—2019 年总的专利申请量的比重，在全球申请中为 63%，而在中国申请中为 83%。

在总量上，中国已经位列全球专利申请原创国第一位，占全球专利量的31%，在中国专利中国内申请人更是占到 80% 的绝对比例。中国已成为人工智能领域最为重要的创新主体国。

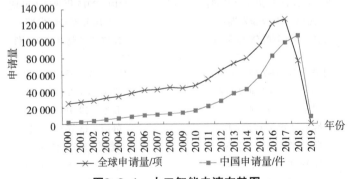

图2-2-1 人工智能申请态势图

2.3　主要申请人分析

2.3.1　全球主要申请人分析

如图 2-3-1 所示，在 2000—2019 年的全球人工智能领域的申请人排名前 10 位中，日本申请人有 5 家，分别位列第 2~6 位（东芝、松下、日立、索尼、佳能）；美国申请人有 3 家，分别位列第 7、8、10 位（IBM、微软、谷歌）；韩国申请人有 1 家，位列第 1 位（三星）；中国申请人有 1 家，位列 9 位（国家电网）。

如图 2-3-1 所示，日本拥有最多的主要申请人，美国其次，韩国和中国再次之。日本的主要申请人是在半导体、家电、图像方面有多年积累的公司，美国的主要申请人全部为计算机领域的巨头公司，韩国的主要申请人为计算机领域的巨头公司，中国的主要申请人则为国企。

无论从占据的席位还是全球排名来看，中国专利申请人要跻身全球行列，还存在一定的差距。

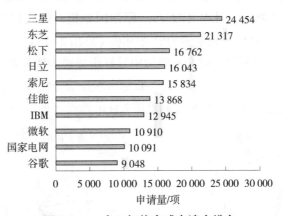

图2-3-1　人工智能全球申请人排名

2.3.2　典型中国申请人分析

如图 2-3-2 所示，全球主要申请人中，中国仅有国家电网位列其中，此外人工智能全球申请量较大的中国申请人还有华为和中国科学院，再其次是腾讯、OPPO、小米、百度、浙江大学、清华大学、阿里巴巴，可见国内的主要创新主体，不论是国企、互联网巨头还是高校科研院所，都是人工智能领域典型的中国申请人。

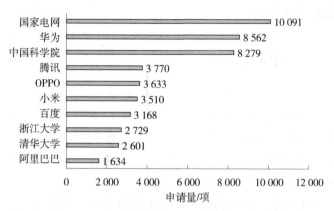

图2-3-2 人工智能典型中国申请人的全球申请量

2.4 专利布局区域分析

人工智能领域专利申请中原创国处于领先地位的国家或地区为中国（30%）、美国（24%）、日本（22%）。原创国是指有优先权专利申请的最早优先权国家和无优先权专利申请的申请国家（见图2-4-1）。

同时，对于人工智能领域专利申请中目标市场处于领先地位的国家为美国（24%）、中国（20%）、日本（16%）。目标市场是指每件专利申请的公开国家。美国、中国已成为全球人工智能专利申请关注的焦点（见图2-4-2）。

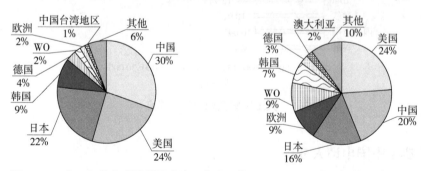

图2-4-1 人工智能全球原创国或地区占比图❶　图2-4-2 人工智能全球目标市场占比图

---

❶ 以专利申请公开号的前两位（向对应专利局提交申请）作为分类的标准，如"欧洲"代表公开号前两位为 EP 的专利申请，"中国"代表公开号前两位为 CN 的专利申请，"中国台湾地区"代表公开号前两位为 TW 的专利申请，"WO"代表公开号前两位为 WO 的专利申请。

中国专利申请中，除本国申请人外，国外来华申请人也是主要由美国（7%）和日本（6%）的申请人构成。这也体现了美国、日本在人工智能领域对中国的专利布局最为重视，且基本相当。其他来华进行专利布局的国家还有韩国（2%）、德国（1%）、荷兰（1%）。

总体而言，人工智能领域无论是原创国、目标市场还是国外来华申请人上都呈现出中国、美国、日本这三大国在引领专利创新。

2.5 主要技术分支分析

人工智能的技术创新中，基础硬件、通用技术作为底层软硬件技术，具有一定的技术门槛，其分别占总体的专利申请量的 10% 左右和 25% 左右，而智能应用占总体的全球专利申请量的 85% 左右。可见，无论是全球范围还是中国范围，人工智能在具体产业上落地后产生的发明创新是整个人工智能领域最大的创新方向，集聚了最大的创新热情（见图 2-5-1）。

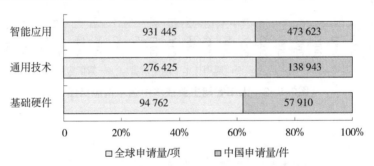

图2-5-1 人工智能全球和中国主要技术分支图

根据年度态势数据，中国专利申请在智能应用上起步较晚，专利积累较少，但自 2014 年开始中国在智能应用方面呈现出了井喷式增长的趋势，明显高于全球在智能应用方面的增长态势。这也与我国近几年人工智能技术随着场景应用的增多而爆发出大量产业应用的市场格局相一致（见图 2-5-2 与图 2-5-3）。

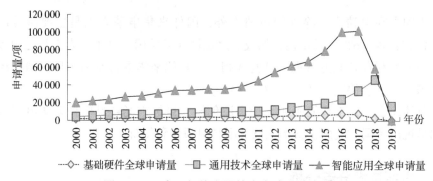

图2-5-2 人工智能主要技术全球申请态势图

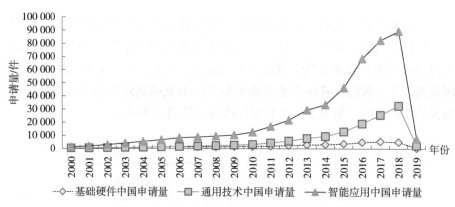

图2-5-3 人工智能主要技术中国申请态势图

第3章　基础硬件技术专利状况分析

智能基础硬件为人工智能产业提供计算能力支撑，其范围主要包括智能芯片、智能传感器等，是人工智能产业发展的重要保障。其中，智能芯片技术主要包括通用芯片、专用芯片、类脑芯片、量子芯片和其他芯片。智能传感器技术主要包括运动传感器、环境传感器、光学传感器和其他传感器。本章首先对智能芯片、智能传感器作了全球和中国态势的整体分析，然后具体从不同类型申请人布局重点、全球和中国优劣势分支、主要申请人布局重点和布局区域等角度出发作了重点对比分析。最后对智能传感器和 MEMS 传感器的中美专利布局情况作了详细的对比分析。

3.1　基础硬件专利状况分析

3.1.1　基础硬件全球和中国申请态势分析

如图 3-1-1 所示，从人工智能的基础硬件全球和中国申请趋势来看，可以大致分为三个阶段。

2000—2005 年（初步发展期）：20 世纪 90 年代后期，随着计算机计算能力的不断提高和互联网技术的推广，人工智能技术终于走出了第二次低谷，开启了新阶段的发展。这一时期全球和中国的基础硬件相关专利数量都有所上升，只不过全球的起点和增幅更快一些。可见该行业当时是由国外企业主导，而国内的专利申请还处于探索的态势。

2006—2011 年（稳步过渡期）：2006 年以辛顿为代表的研究人员发现了训练高层神经网络的有效算法，有效地支撑了人工智能技术的深化发展。但 2007 年开始，美国的次贷危机席卷全球，各大科技企业纷纷缩减开支，人工智能领域也受到影响，全球和中国的人工智能领域基础硬件的专利申请量处于缓慢而稳定的增长态势。

2012 年至今（二次发展期）：全球和中国的相关专利申请量均有大幅上涨，这与 2012 年神经网络取得关键技术突破有关，由此极大地带动了基础硬件相关专利的发展，而 2016 年人工智能战胜人类围棋冠军更是引发全世界关注。由于专利文献延迟公开的特点，2017—2019 年的申请曲线尾部回落。

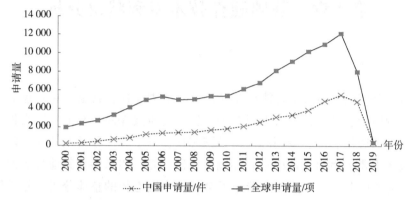

图3-1-1　基础硬件全球和中国申请态势图

3.1.2　基础硬件全球和中国主要申请人分析

从全球申请人排名来看，三星以绝对优势排名第一，而东部电子也成为韩国企业的另一支撑。日本企业松下、索尼分别位列第二、三名，后面还有佳能、东芝等，形成了较大的集团优势。中国仅有中国科学院一家科研院所，排名第四，没有企业入榜。美国企业 IBM、精工爱普生、英特尔等也都不容小视（见图 3-1-2）。

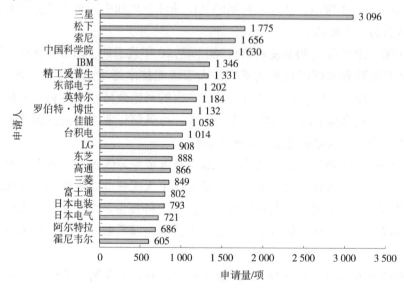

图3-1-2　基础硬件全球申请人排名

从中国申请人排名来看，中国科学院排名第一，而 OPPO、京东方则排名靠后，国内大部分还是以高校为主，如清华大学、上海交大等。国外申请人则是美国布局较多，日韩次之（见图 3-1-3）。

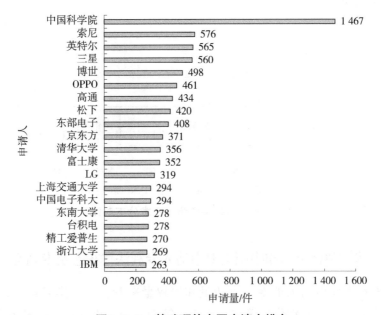

图3-1-3　基础硬件中国申请人排名

3.1.3　基础硬件全球和中国布局区域分析

从目标市场占比来看，中国已经成为最大的市场，是全球关注的焦点之一，而美国以两个百分点差距紧随其后，日本、韩国次之（见图 3-1-4）。

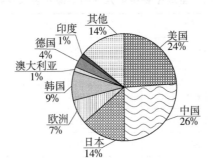

图3-1-4　目标市场占比图

3.1.4 基础硬件全球和中国主要技术分支分析

从智能传感器和智能芯片这两个分支来看，中国在全球的占比均为 1/3 左右（见图3-1-5）。

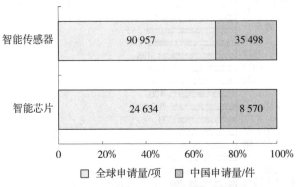

图3-1-5 基础硬件全球技术分支对比

3.1.5 基础硬件全球和中国主要申请人专利法律状态及专利寿命分析

从全球主要申请人的专利申请量和授权量来看，三星排名第一，松下、索尼、中国科学院分别位居第二、第三、第四，与前面相似。但从专利平均寿命来看，日本企业明显占据较大优势（松下 11.7 年、索尼 9.8 年、东芝 10.2 年）。整体来看，日本企业对专利的维护能力最强，然后是美国、韩国、中国（见表3-1-1）。

表3-1-1 全球主要申请人专利法律状态及专利寿命

申请人	全球申请量/项	全球授权量/项	全球专利平均寿命/年
三星	3 096	1 857	6.1
松下	1 775	1 065	11.7
索尼	1 656	994	9.8
中国科学院	1 630	832	6.1
IBM	1 346	808	7.8
精工爱普生	1 331	799	9.1
东部电子	1 202	721	11.0

续表

申请人	全球申请量/项	全球授权量/项	全球专利平均寿命/年
英特尔	1 184	710	5.70
罗伯特·博世	1 132	680	8.20
佳能	1 058	635	10.10
台积电	1 014	608	6.50
LG	908	545	6.11
东芝	888	533	10.20
高通	866	520	5.90
三菱	849	509	11.30
富士通	802	481	10.40
日本电装	793	476	11.40
日本电气	721	433	10.60
阿尔特拉	686	412	12.10
霍尼韦尔	605	363	10.70

从中国主要申请人的专利申请量和授权量来看，中国科学院排名第一，索尼排名第二。但从专利平均寿命来看，中国科学院和OPPO较短，后者主要是从近五年才开始大量申请专利（见表3-1-2）。

表3-1-2 中国主要申请人专利法律状态及专利寿命

申请人	中国申请量/件	中国授权量/件	中国专利平均寿命/年
中国科学院	1 467	832	6.1
索尼	576	340	8.1
英特尔	565	252	6.8
三星	560	253	8.4
罗博特·博世	498	259	6.7
OPPO	461	87	2.1
高通	434	257	6.8
松下	420	271	13.4
东部电子	408	229	11.8

续表

申请人	中国申请量/件	中国授权量/件	中国专利平均寿命/年
京东方	371	147	3.2
清华大学	356	189	6.4
富士康	352	196	9.1
LG	319	69	3.6
上海交通大学	294	204	7.1
中国电子科大	294	129	4.1
东南大学	278	157	5.8
台积电	278	192	6.8
精工爱普生	270	141	8.1
浙江大学	269	145	6.2
IBM	263	206	11.1

3.1.6 基础硬件全球和中国主要申请人布局重点分析

从全球主要申请人申请量年度分布来看，三星的相关专利申请从 2010 年开始大幅提升，早于全球的二次发展阶段，表明其具备敏锐的观察力，能够更早地确定未来的技术市场。而同为韩国企业的东部电子则在经历过 2004—2008 年的高速发展之后，突然停滞。中国科学院从 2009 年开始加速，引领了中国人工智能基础硬件专利申请。值得关注的是美国企业英特尔，近期增长速度非常快。日本企业的相关专利申请未见增长态势（见表 3-1-3）。

从中国主要申请人申请量年度分布来看，中国科学院从 2009 年开始加速，引领了国内人工智能基础硬件专利申请，OPPO 从 2015 年开始相关专利申请有大幅上涨，表明其对基础硬件的重视程度。而美国的英特尔从 2013 年开始也进行大量布局，2018 年公开的专利申请仅次于中国科学院。韩国的三星的相关专利申请还在增加，日本企业近期则有放缓的趋势（见表 3-1-4）。

表3-1-3　全球主要申请人申请量年度分布

单位：项

申请人	2000	2001	2002	2003	2004	2005	2006	2007	2008	2009	2010	2011	2012	2013	2014	2015	2016	2017	2018	2019
三星	11	20	33	40	61	87	103	85	73	85	121	162	230	384	413	414	424	260	0	0
松下	40	41	61	63	95	85	78	81	69	95	81	64	58	32	27	26	15	24	0	0
索尼	33	50	69	47	93	79	59	62	82	90	68	100	48	56	66	50	53	42	1	0
中国科学院	16	20	22	28	24	50	58	69	59	70	78	87	102	103	110	104	158	128	149	11
IBM	28	41	30	56	62	46	45	63	62	46	53	68	72	75	92	150	118	133	2	0
精工爱普生	14	23	42	76	47	61	72	55	43	73	87	71	67	39	50	45	36	35	0	0
东部电子	0	3	8	16	68	128	126	244	250	69	7	6	12	4	11	7	14	13	11	0
英特尔	14	27	23	32	28	19	33	14	21	25	18	47	68	83	96	105	146	250	72	0
罗伯特·博世	18	18	18	40	43	46	67	47	86	54	80	62	100	95	95	65	69	71	1	0
佳能	36	43	39	51	66	45	49	47	49	66	41	37	42	39	59	48	48	57	0	0
台积电	12	13	11	13	16	17	16	23	20	24	43	78	114	142	72	68	54	53	0	0
LG	4	8	17	11	18	15	37	34	30	31	52	88	63	81	76	97	144	60	0	0
东芝	30	34	31	40	34	45	46	39	55	57	52	53	64	34	50	26	35	28	0	0
高通	1	2	3	14	7	21	23	24	22	50	81	73	95	81	70	48	40	0	0	0
三菱	31	49	40	42	42	40	28	28	50	36	26	27	40	40	25	29	29	28	1	0
富士通	24	19	36	33	30	32	64	50	51	19	24	35	19	24	29	32	51	43	1	0
日本电装	34	38	50	41	55	46	48	44	47	45	36	32	24	21	41	21	38	26	1	0
日本电气	39	39	17	20	17	22	29	28	47	34	31	26	29	18	34	30	45	53	1	0
阿尔特拉	30	48	30	60	80	73	55	48	32	20	26	35	33	31	32	25	19	1	0	0
霍尼韦尔	18	17	35	51	35	49	52	45	42	27	20	35	27	22	23	26	15	20	0	0

表3-1-4 中国主要申请人申请量年度分布

单位：件

申请人	2000	2001	2002	2003	2004	2005	2006	2007	2008	2009	2010	2011	2012	2013	2014	2015	2016	2017	2018	2019
中国科学院	16	20	22	28	24	50	58	69	59	70	78	87	102	103	110	104	158	128	149	11
索尼	4	13	9	22	14	20	24	19	33	49	74	55	59	41	54	26	31	16	0	0
英特尔	7	15	12	16	23	23	25	8	6	24	21	34	10	42	49	65	27	43	111	0
三星	0	6	19	21	27	36	43	28	18	17	12	26	18	34	21	27	51	60	68	0
博世	0	0	0	2	6	7	18	11	21	25	33	36	41	70	69	54	45	35	15	0
OPPO	0	0	0	0	0	0	0	0	1	0	0	1	3	3	3	33	110	211	81	15
高通	0	0	5	3	3	6	11	18	29	25	13	35	52	41	65	60	49	19	0	0
松下	8	7	25	32	43	43	39	27	24	24	18	26	15	7	8	0	0	0	0	0
东部电子	0	0	0	0	5	67	83	85	102	61	0	0	0	0	0	0	0	0	0	0
京东方	0	0	0	1	1	0	1	2	2	7	3	5	15	19	17	45	3	84	73	14
清华大学	2	5	10	14	12	12	6	9	10	10	16	19	21	15	23	26	35	55	51	4
富士康	0	1	7	14	17	17	26	22	44	33	38	24	25	25	13	8	15	9	0	0
LG	2	3	10	21	18	21	23	17	16	9	10	21	18	15	17	16	24	28	9	0
上海交通大学	0	1	3	5	6	22	12	27	26	21	8	21	18	20	20	23	26	15	18	1
中国电子科大	0	0	0	6	4	2	2	7	9	15	11	10	16	32	32	38	43	47	27	5
东南大学	0	0	0	3	5	4	1	10	5	18	25	30	19	16	16	22	12	34	40	3
合积电	0	0	1	1	5	6	11	12	8	14	20	14	51	41	12	23	38	16	5	0
精工爱普生	0	0	8	8	16	15	11	9	5	5	17	28	26	30	26	21	15	12	13	0
浙江大学	1	0	0	4	3	6	28	15	12	16	26	8	17	34	13	25	29	24	31	1
IBM	11	0	8	17	15	24	28	23	13	6	15	11	15	15	5	0	18	6	0	0

从全球主要申请人申请量地区分布来看，各个企业都在本国进行数量最多的专利申请布局。从目标来看，美国最受重视，然后是日本和中国。有两家日本企业和两家美国企业没有在中国进行相关专利布局（见图3-1-6）。

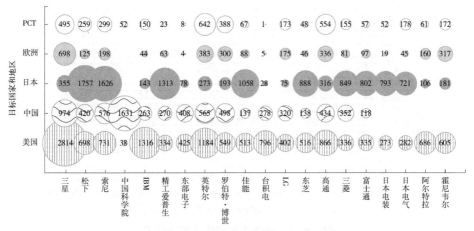

图3-1-6 全球主要申请人地区分布

注：图中数字表示申请量，单位为项。

从全球主要申请人申请量技术分布来看，在智能芯片方面占据比例大的是 IBM、英特尔和阿尔特拉，都是美国企业。在智能传感器方面占比较大的是三星、松下、索尼、中国科学院等，可见美国占据了较为核心的智能芯片技术，而中日韩则是在智能传感器方面竞争（见图3-1-7）。

如图3-1-8所示，从中国主要申请人技术分布来看，在智能芯片方面占据比例大的是英特尔、高通和 IBM，仍然是美国企业占据智能芯片技术的主导地位。国内的人工智能基础硬件相关专利在数量方面尚可，但如果细分到二级分支，则可以发现在智能芯片领域还需进一步加强。

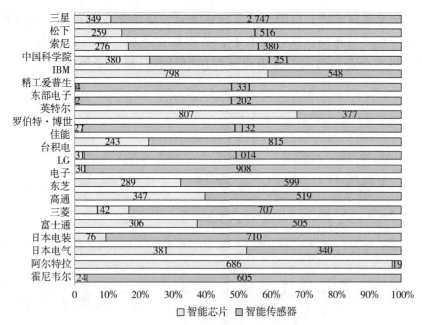

图3-1-7 全球主要申请人技术分布

注：图中数字表示申请量，单位为项。

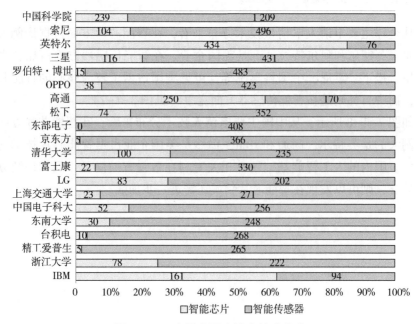

图3-1-8 中国主要申请人技术分布

注：图中数字表示申请量，单位为件。

3.2 智能芯片技术专利状况分析

3.2.1 智能芯片全球和中国申请态势分析

智能芯片经历长期的发展，全球在 2000 年的申请量已经达到 600 项以上，但随着人工智能技术的曲折发展，智能芯片技术在全球经历缓慢发展期。直到 2015 年左右，随着人工智能算法、芯片架构理论层面的技术突破，智能芯片也逐渐进入快速增长期，中国智能芯片的发展起步较晚。近几年随着人工智能新技术的发展，对突破传统冯诺依曼架构智能计算核心的强烈需求，促进了新型智能芯片的发展。中国紧随世界智能芯片发展趋势，着力于新型架构芯片的研究，中国的智能芯片发展逐渐进入快速发展期，成为世界范围内新型智能芯片创新研究的重要国家（见图 3-2-1）。

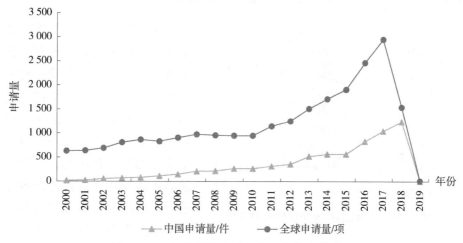

图3-2-1　智能芯片全球和中国申请态势分析

如图 3-2-2 所示，从智能芯片专利授权量可以看出，智能芯片授权量与申请量趋势一致，前期由于申请量较少，专利授权量也较少，随着申请量的提高，授权量也逐渐提高。中国专利授权量占比较少，一方面是由于中国专利申请量相对较少，另一方面是中国核心技术专利少，仍需要发展核心技术。

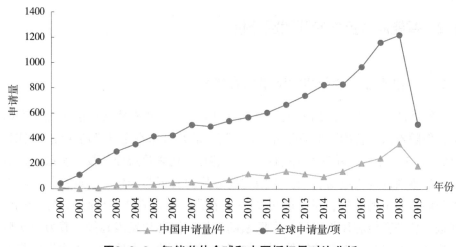

图3-2-2　智能芯片全球和中国授权量对比分析

3.2.2　智能芯片全球和中国主要申请人分析

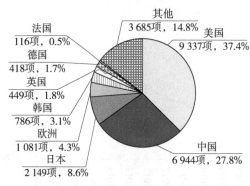

图3-2-3　智能芯片全球区域分布分析

如图3-2-3所示，美国基于计算机技术的长期发展，其在智能芯片领域具有较长时间的技术积累，因此也积蓄了扎实的技术基础，同时作为全球新技术的创新发展中心，以及全球最大的消费市场，美国智能芯片的专利申请量占据世界第一，并且在较长时间内都将是全球范围内智能芯片的重要的技术热点地区。

随着改革开放中国经济的蓬勃发展，中国市场已经成长为全球最重要的市场之一，专利申请量也逐渐增长，中国已经为全球智能芯片第二大专利申请布局地区。基于中国市场巨大体量的强烈吸引力，以及中国在智能芯片领域的政策、经济、创新主体等多方面的布局和红利，可以预期中国智能芯片专利申请仍将保持增长速度。

3.2.3　智能芯片全球和中国布局区域分析

如图 3-2-4 所示，全球智能芯片领域申请主体，仍以美国申请人为代表，前 10 名申请人占据 7 位，英特尔、IBM 占据申请前两位，且遥遥领先于中日韩等国申请人。中国申请人以中国科学院、清华大学为代表，以科研单位为主，缺乏领军产业代表。韩国以三星为代表，产业特点突出。

如图 3-2-5 所示，在中国智能芯片领域申请主体中，美国申请人处于主导地位，英特尔、高通、微软、IBM 仍是全球领先企业，且较大领先于其他国家申请人。国内申请人仍以大学和科研院所申请人为主，以中国科学院、清华大学为代表，国内申请人中包括华为、国家电网一类的大型企业，也包括浪潮这样的行业企业。

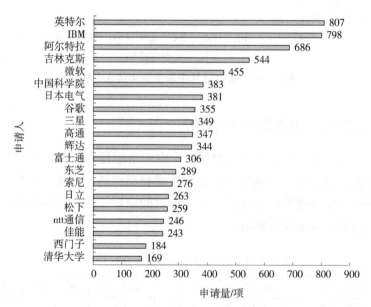

图3-2-4　智能芯片全球主要申请人分析

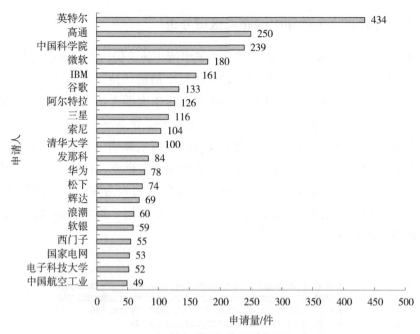

图3-2-5　智能芯片中国主要申请人分析

3.2.5　智能芯片主要技术分支分析

从申请量来看，通用芯片、专用芯片由于基础技术的发展历史较长，技术积累较多，也是现行智能芯片产业化程度较高的芯片分支；类脑芯片、量子芯片等作为新兴架构的智能芯片，发展时间较短，技术积累较少，但由于技术的先进性，未来发展可期。

表3-2-1　智能芯片主要技术分支分析

主要技术主题	通用芯片	专用芯片	类脑芯片	量子芯片	其他芯片
全球申请量/项	7 693	12 781	968	1 258	162
中国申请量/件	2 947	4 647	484	375	117

3.2.5.1　通用芯片

从通用芯片的申请量变化中可以看出，通用芯片在全球范围内已经具有较为广泛的研究和发展，申请量基数较大，且长期保持稳步增长；而中国范围内发展落后于全球趋势，申请量较少，随着对于中国市场的关注，近几年申请量有所增长（见图3-2-6）。

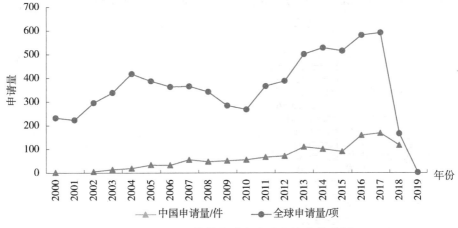

图3-2-6　通用芯片全球和中国申请态势分析

全球范围内申请人排名仍以美国申请人为主导，在通用芯片领域占据绝对统治地位（见图3-2-7）。

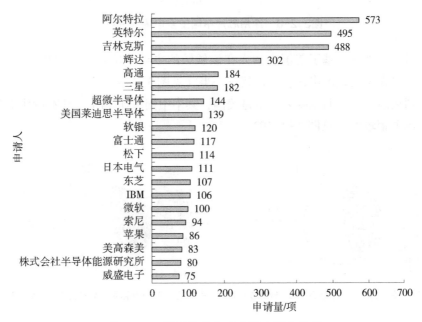

图3-2-7　通用芯片全球主要申请人分析

在中国范围内，美国申请人占据统治地位，英特尔一家独大，排名第二位、第三位的阿尔特拉、高通均是美国领先企业，具有较大技术优势。国内申请人以中国科学院、华为为代表，申请量较低（见图3-2-8）。

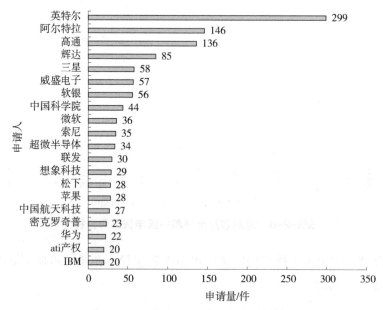

图3-2-8　通用芯片中国主要申请人分析

世界范围内，基于美国申请人在该领域的主导地位，通用芯片的专利申请也主要在美国地区申请，占比超过一半（见图3-2-9）。

通用芯片技术的主要来源也是美国，其中中国占比14%，日本占比13%，与美国差距较大（见图3-2-10）。

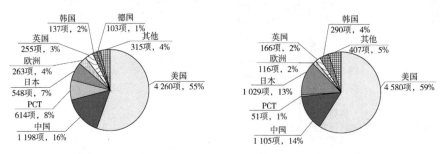

图3-2-9　通用芯片全球区域分布分析　　**图3-2-10　智能芯片全球原创区域分布分析**

美国在通用芯片占据统治地位，其以美国地区为主，同时在多个国家和地区进行专利布局；中国、日本等在本土布局较多，海外布局较少（见图3-2-11）。

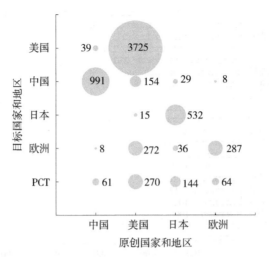

图3-2-11　通用芯片全球主要原创和目标区域分布分析

注：图中数字表示申请量，单位为项。

3.2.5.2　专用芯片

专用芯片也具有较长的发展期，随着人工智能技术的再次蓬勃发展，专用芯片也保持了较快的增长速度（见图3-2-12）。

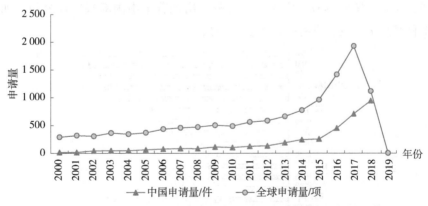

图3-2-12　专用芯片全球和中国申请态势分析

从全球排名来看，专用芯片领域仍以美国申请人为主，其中IBM、谷歌、微软以及英特尔均具有较强技术积累；该领域日本申请人也占据一定地位（见图3-2-13）。

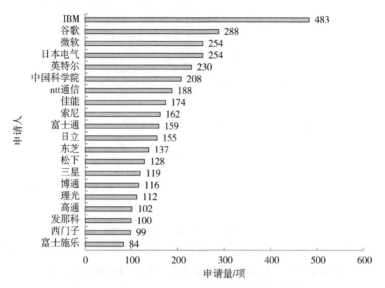

图3-2-13 专用芯片全球主要申请人分析

如图 3-2-14 所示,从中国范围内来看,以英特尔、IBM、微软、谷歌、高通为代表的美国企业占据前十名中的第一、二、三、五、七位,处于主导地位,掌握着专用芯片核心技术;中国申请人以中国科学院、清华大学为代表,开展了较为广泛的科学研究,且具有较多技术成果;华为作为大型科技公司,在芯片领域具有一定实力。此外,出现若干中国新兴芯片公司,如北京中科寒武纪科技,具有一定的发展前景。

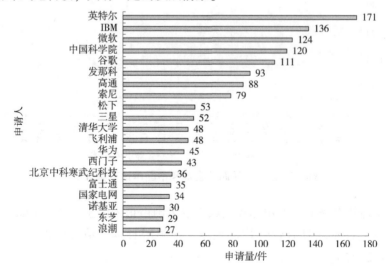

图3-2-14 专用芯片中国主要申请人分析

从专用芯片申请量占比来看，中国与美国较为接近，日本排在第三位，是全球范围内的主要技术布局地区（见图3-2-15）。

从专用芯片技术原创国来看，美国仍是第一的技术原创产出国，中国第二，日本第三，中国、美国、日本均为该领域主要的技术创新力量（见图3-2-16）。

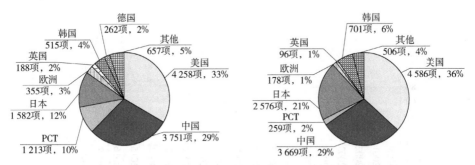

图3-2-15 专用芯片全球区域分布分析　　图3-2-16 专用芯片全球原创区域分布分析

中国、美国、日本作为全球主要的技术原创国，均以本土专利布局为主，同时美国、日本更加注重对海外的专利布局（见图3-2-17）。

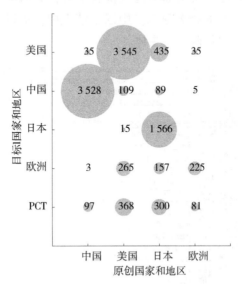

图3-2-17 专用芯片全球主要原创和目标区域分布分析

注：图中数字表示申请量，单位为项。

3.2.5.3 类脑芯片

如图 3-2-18 所示，类脑芯片属于新兴的芯片架构技术，从全球申请量来看，处于技术稳步发展期，近几年呈快速发展趋势。中国的整体趋势仍落后于全球趋势，2015 年左右开始提升速度，虽然起步较晚，但增长速度可观，是全球类脑芯片重要的布局地区。

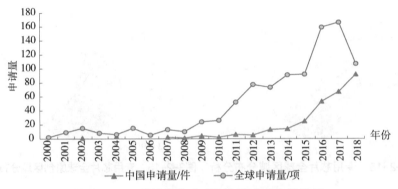

图3-2-18　类脑芯片全球和中国申请态势分析

如图 3-2-19 所示，从全球申请人排名来看，美国申请人仍占据领先地位，IBM 排名第一，高通排名第二。中国申请人中，仍以清华大学、中国科学院为代表的大学和科研院所为主体。

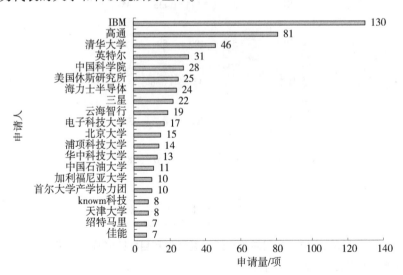

图3-2-19　类脑芯片全球主要申请人分析

　　如图 3-2-20 所示，从中国范围内来看，高通作为以产品销售营收作为主要收入来源的知名企业，非常重视在中国市场的专利布局；IBM 作为全球领先的技术拥有者，更为注重技术的研究，对技术在市场占有方面的布局意愿不如高通积极。中国国内申请人以清华大学、中国科学院为代表的大学和科研院所，开展了较为广泛的科学研究，且具有较多技术成果。中国企业方面，上海磁宇信息科技、北京中科寒武纪科技作为国内芯片领域的科技型初创公司，在各自的领域（如非易失磁性随机 MRAM 存储器、机器学习处理器芯片、云端人工智能 AI 芯片等方面）具有核心技术。

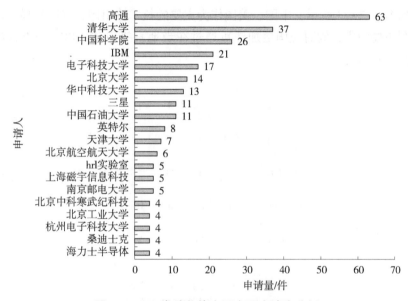

图3-2-20　类脑芯片中国主要申请人分析

　　如图 3-2-21 所示，从申请量占比来看，美国仍是全球最受关注的地区，占比近半，处于领先地位；中国排名第二，也是全球范围内的主要技术布局地区。

如图 3-2-22 所示，类脑芯片技术的主要来源国也是美国，占比过半，其中中国占比 30%，中国、美国是类脑芯片技术主要的技术输出国。

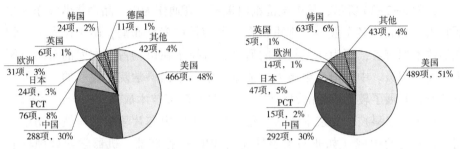

图3-2-21　类脑芯片全球区域分布分析　图3-2-22　类脑芯片全球原创区域分布分析

如图 3-2-23 所示，中国、美国作为主要的技术输出国，专利布局均以本土专利布局为主，同时美国更加注重通过在当地直接申请、PCT 等方式在海外进行专利布局。

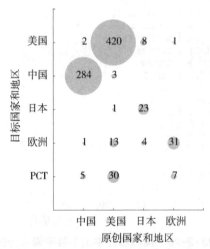

图3-2-23　类脑芯片全球主要原创和目标区域分布分析

注：图中数字表示申请量，单位为项。

3.2.5.4　量子芯片

量子芯片属于新式架构的芯片技术，受限于量子技术的发展。从其申请量来看，量子芯片仍处于技术稳步发展期，中国的发展仍落后于全球趋势（见图 3-2-24）。虽然起步较晚，随着中国研究人员在量子基础理论、技术研究等方面的突破，中国在量子理论、技术研究方面已接近国际水平，中国量子芯片技术的发展值得期待。同时，基于中国市场的巨大吸引力，量子芯片技术的中国专利申请量未来增长速度可观。

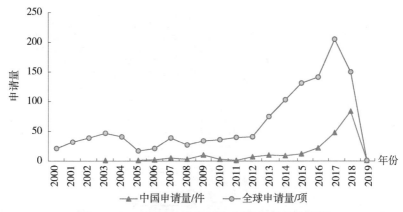

图3-2-24　量子芯片全球和中国申请态势分析

如图 3-2-25 所示，从全球申请人排名来看，仍以欧美申请人为主。d-波系统公司是位于加拿大的量子计算机公司，其与谷歌、美国宇航局均有合作，属于全球领先的量子芯片公司。IBM 是美国传统科技公司，具有较强实力，在新兴技术发展方面具有引领作用。中国申请人以合肥本源量子计算科技为代表。

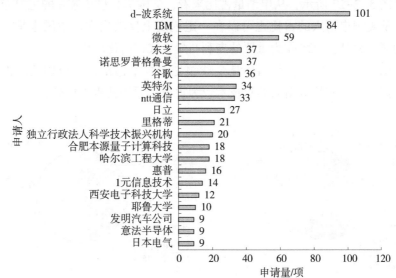

图3-2-25　量子芯片全球主要申请人分析

如图 3-2-26 所示，从中国范围内来看，申请人差距较小，d-波系统公司、合肥本源量子计算科技、哈尔滨工程大学、IBM、微软分列第一位至第五位，国内申请人仍以大学和科研院所为主，开展了较为广泛的科学研究。合肥本源量子计算科技是中国第一家量子计算机研发创新公司。

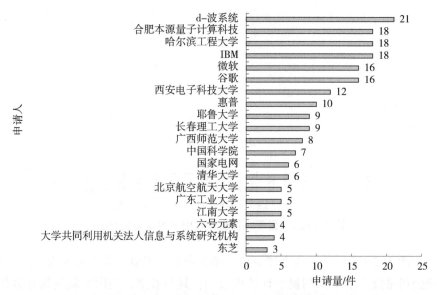

图3-2-26　量子芯片中国主要申请人分析

如图 3-2-27 所示，从申请量占比来看，美国仍是量子芯片的主要布局地区，这从美国申请人的占比也可以在一定程度上反映出来。中国也是重要的布局地区。另外，PCT 作为重要的专利布局方式，占比较大。

如图 3-2-28 所示，美国仍是全球领先的技术输出国，原创技术占比过半，中国对量子芯片等新兴芯片技术较为重视，原创技术占比第二。

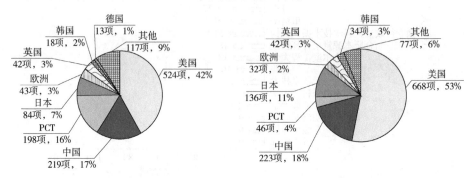

图3-2-27　量子芯片全球区域分布分析　图3-2-28　量子芯片全球原创区域分布分析

如图 3-2-29 所示，量子芯片作为新兴芯片技术，各个原创国家和地区仍以本土专利布局为主，美国更加注重通过《专利合作条约》的途径对专利技术进行全球的布局保护，这些 PCT 专利能够根据需要进入潜在国家。可以看到，中国虽然在本国布局了大量的专利，但是其 PCT 专利的数量却仅有 5 件。

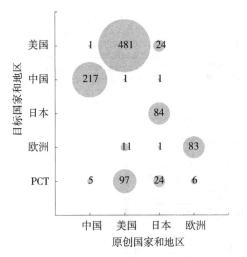

图3-2-29　量子芯片全球主要原创和目标区域分布分析

注：图中数字表示申请量，单位为项。

3.2.5.5　其他芯片

如图 3-2-30 所示，对于其他新兴芯片技术的研究，全球和中国地区的申请均处于初期阶段，申请量较低，随着人工智能技术的发展，申请量逐渐增长。

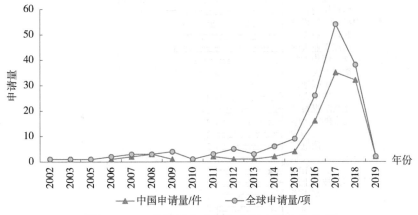

图3-2-30　其他芯片全球和中国申请态势分析

如图 3-2-31 所示，对于其他芯片技术的研发，全球范围内仍处于初期阶段，从申请人排名可以看出，中国申请人非常活跃，具有集团优势。

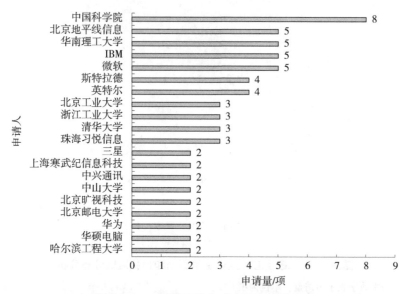

图3-2-31 其他芯片全球主要申请人分析

如图3-2-32所示，国内申请人中，虽然仍以大学和科研院所为主，但既有地平线信息、寒武纪、旷视科技等新兴科技公司的身影，又有中兴、华为等大型科技企业，发展可期。

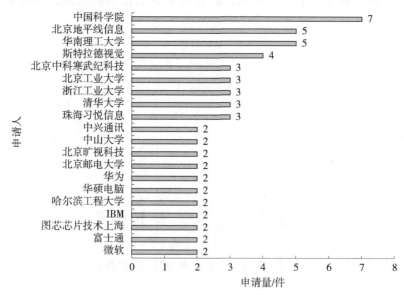

图3-2-32 其他芯片中国主要申请人分析

如图 3-2-33 所示，从申请量占比来看，中国属于该领域的主要申请地区，主要是由于中国申请人在该领域具有广泛的投入热情。

如图 3-2-34 所示，从技术原创国分布来看，中国是该领域核心的技术原创国，作为一项新兴芯片技术，中国在该领域的发展具有先发优势。

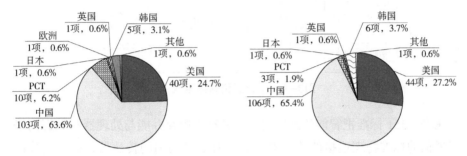

图3-2-33　其他芯片全球区域分布分析　　图3-2-34　其他芯片全球原创区域分布分析

如图 3-2-35 所示，作为新兴芯片技术，各原创国家和地区均以本土布局为主，少量进行海外布局。

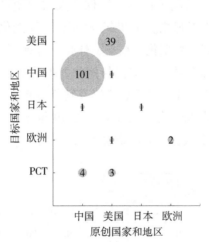

图3-2-35　其他芯片全球主要原创和目标区域分布分析

注：图中数字表示申请量，单位为项。

3.3　智能传感器技术专利状况分析

根据国标 GB/T 33905.3—2017《智能传感器第 3 部分：术语》中的定义，智能传感器（Intelligent sensor）是具有与外部系统双向通信手段，用于发送测量、状态信息，接收和处理外部命令的传感器。根据国标 GB/T

34069—2017《物联网总体技术 智能传感器特性与分类》中的描述，智能传感器是由传感单元、智能计算单元和接口单元组成，如图3-3-1所示。

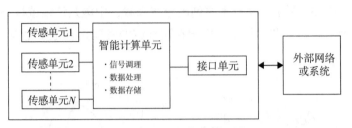

图3-3-1 智能传感器组成

IEEE 1451 标准把智能传感器定义为具有小内存并能与处理器和数据网络进行通信的标准物理连接的传感器，由具有信号调制的传感器、嵌入式算法和数字接口等三者相结合而成。

早期的智能传感器是将传感器的输出信号经处理和转化后由接口送到微处理机进行运算处理。20 世纪 80 年代智能传感器主要以微处理器为核心，把传感器信号调节电路、微电子计算机存储器及接口电路集成到一块芯片上，使传感器具有一定的人工智能。20 世纪 90 年代，智能化测量技术有了进一步的提高，使传感器实现了微型化、结构一体化、阵列式、数字式，使用方便、操作简单，并具有自诊断功能、记忆与信息处理功能、数据存储功能、多参量测量功能、联网通信功能、逻辑思维以及判断功能。

经过检索确定，从 2000 年 1 月 1 日至 2019 年 5 月 31 日，智能传感器全球专利申请量为 90 957 项，中国申请量为 35 498 件（见图3-3-2）。

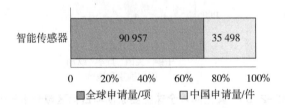

图3-3-2 智能传感器检索结果

3.3.1 智能传感器全球和中国申请态势分析

在智能传感器领域中，全球和中国的专利申请趋势如图 3-3-3 和表 3-3-1 所示。2000 年，全球的专利申请量为 1 335 项，中国的专利申请量为 216 件。在随后的 5 年中，全球和中国的专利申请量持续增长。2006—2010 年，受世界经济影响，全球专利申请量出现下滑，而中国的专利申请量增速放缓后又开始持续增长。2011—2017 年，全球和中国的专利申请量均快速增长。专利申请量的态势受国家经济的影响比较大。由上述分析可知，中国在智能传感器领域起步晚，但近 10 年来专利申请量与全球同步快速增长。

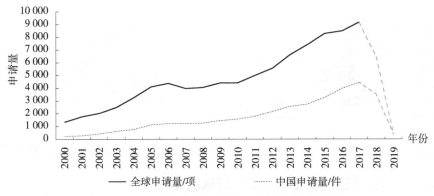

图3-3-3　智能传感器全球和中国专利申请趋势

表3-3-1　智能传感器全球和中国专利申请趋势

年度	全球申请量/项	中国申请量/件	年度	全球申请量/项	中国申请量/件
2000	1 335	216	2010	4 417	1 565
2001	1 763	274	2011	4 993	1 788
2002	2 024	426	2012	5 547	2 169
2003	2 513	622	2013	6 598	2 565
2004	3 265	768	2014	7 394	2 740
2005	4 109	1 129	2015	8 278	3 266
2006	4 383	1 221	2016	8 487	3 985
2007	3 988	1 228	2017	9 162	4 432
2008	4 059	1 256	2018	6 449	3 526
2009	4 407	1 449	2019	360	345

3.3.2　智能传感器全球和中国主要申请人分析

如图 3-3-4 和图 3-3-5 所示，智能传感器全球技术原创区域和目标市场区域，中国、美国、日本、韩国在两方面的占比均在前 4 位。可见，上述 4 个国家既是重要的原创技术输出国，研发实力较强，也是重要的目标市场国，市场需求较大，中国、美国、日本、韩国是智能传感器领域的"领头羊"。此外，德国的技术原创实力较强，是以技术输出为主的国家，欧洲的市场地位较为重要，是重要的技术输入地区。

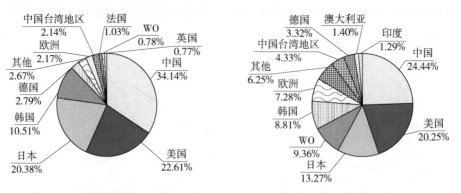

图3-3-4　智能传感器全球技术原创区域　图3-3-5　智能传感器全球目标市场区域

3.3.3　智能传感器全球和中国布局区域分析

如图 3-3-6 所示，智能传感器全球申请量排名前 30 的申请人，主要来自美国、日本、韩国、德国、中国等国家。美国和日本均是公司企业，中国仅有 4 家高校和科研院所上榜，创新能力存在差距。

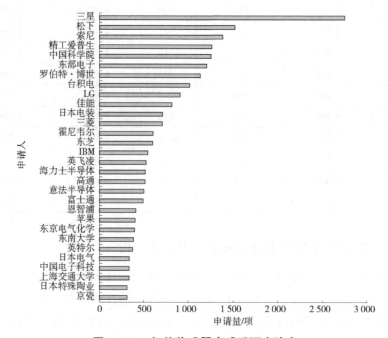

图3-3-6　智能传感器全球重要申请人

如图 3-3-7 所示，智能传感器中国申请量排名前 30 的申请人，主要来自中国、美国和日本，韩国、德国和中国台湾地区各上榜 1 家。中国大陆地区有 17 家上榜，其中高校和科研院所占多数，公司企业有 4 家，中芯国际、南昌欧菲、歌尔声学和汇顶科技。

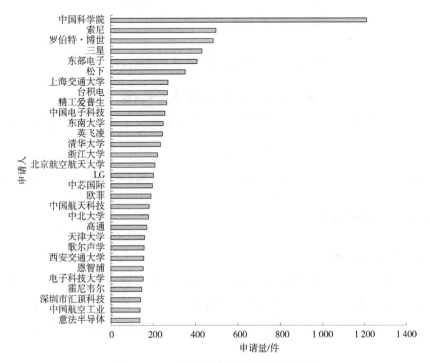

图3-3-7 智能传感器中国重要申请人

3.3.4 智能传感器全球和中国主要技术分支分析

智能传感器主要包括 4 个技术分支：运动传感器、环境传感器、光学传感器和其他传感器，4 个技术分支的全球和中国申请量及占比如图 3-3-8 和表 3-3-2 所示。

在全球范围，环境传感器和光学传感器占比相当，占 30% 左右，运动传感器和其他传感器占比相当，占 20% 左右。在中国范围，光学传感器占比较高，达到 46%，其次是环境传感器占 24%，运动传感器和其他传感器占比相当，占 15% 左右。从专利申请量来看，全球和中国在环境传感器和光学传感器方面技术创新较多。

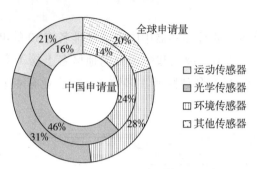

图3-3-8　各分支全球和中国申请量占比

表3-3-2　各分支全球和中国申请量

申请量	运动传感器	环境传感器	光学传感器	其他传感器
全球申请量/项	13 871	22 742	44 085	15 054
中国申请量/件	7 481	10 525	11 482	7 889

3.3.4.1　运动传感器

1. 申请态势分析

在运动传感器分支领域中，全球和中国的专利申请趋势如图3-3-9和表3-3-3所示，2000年，全球的专利申请量为192项，中国的专利申请量为50件。此后，全球和中国的专利申请量虽然有波动，但整体呈增长趋势。

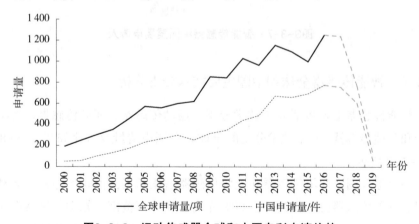

图3-3-9　运动传感器全球和中国专利申请趋势

表3-3-3　运动传感器全球和中国专利申请趋势

年度	全球申请量/项	中国申请量/件	年度	全球申请量/项	中国申请量/件
2000	192	50	2010	845	345
2001	250	57	2011	1 028	439
2002	303	100	2012	964	485
2003	352	133	2013	1 153	672
2004	455	174	2014	1 092	660
2005	573	232	2015	998	694
2006	560	264	2016	1 252	776
2007	601	298	2017	1 240	757
2008	621	253	2018	770	607
2009	854	316	2019	117	58

2. 主要申请人分析

如图 3-3-10 所示，运动传感器全球申请量排名前 20 的申请人，主要来自中国、日本、美国、德国等国家。日本和美国均是公司企业上榜，中国大陆地区有 7 家高校和科研院所上榜。

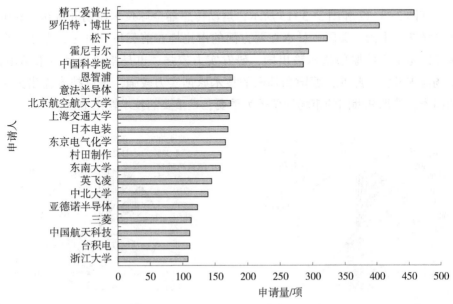

图3-3-10　运动传感器全球重要申请人

如图3-3-11所示，运动传感器中国申请量排名前20的申请人，主要来自中国、美国和日本。日本和美国的申请人均是公司企业；中国有12家科研院所上榜，无企业上榜。

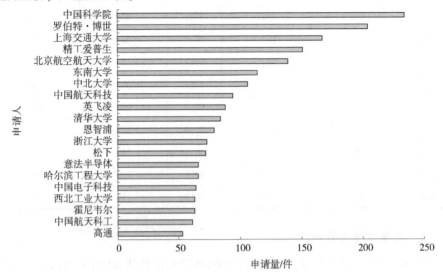

图3-3-11 运动传感器中国重要申请人

3. 布局区域分析

如图3-3-12和图3-3-13所示，运动传感器全球技术原创区域和目标市场区域图，中国、美国、日本在两方面的占比均在前三位。可见，上述3个国家既是重要的原创技术输出国，研发实力较强，也是重要的目标市场国，市场需求较大。此外，德国和韩国的技术原创实力较强，是以技术输出为主的国家，欧洲和韩国的市场地位较为重要，是重要的技术输出地区。

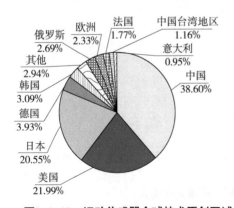

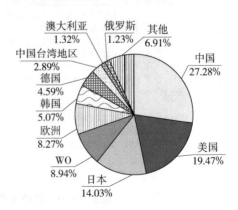

图3-3-12 运动传感器全球技术原创区域　　**图3-3-13 运动传感器全球目标市场区域**

3.3.4.2　环境传感器

1．申请态势分析

在环境传感器分支领域中，全球和中国的专利申请趋势如图 3-3-14 和表 3-3-4 所示，2000 年，全球的专利申请量为 279 项，中国的专利申请量为 60 件。此后，全球和中国的专利申请量虽然有波动，但整体呈增长趋势。2010 年以来，全球专利申请量增长速度比中国稍快。

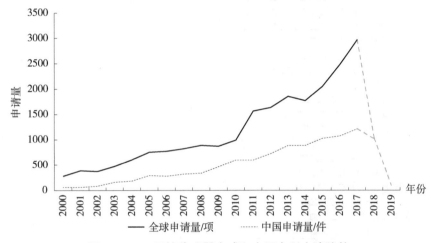

图3-3-14　环境传感器全球和中国专利申请趋势

表3-3-4　环境传感器全球和中国专利申请趋势

年度	全球申请量/项	中国申请量/件	年度	全球申请量/项	中国申请量/件
2000	279	60	2010	992	600
2001	388	60	2011	1 564	598
2002	374	84	2012	1 633	724
2003	474	161	2013	1 853	885
2004	605	184	2014	1 769	885
2005	755	294	2015	2 048	1 025
2006	775	280	2016	2 482	1 072
2007	825	321	2017	2 969	1 212
2008	890	338	2018	1 031	1 016
2009	873	465	2019	97	99

2. 主要申请人分析

如图 3-3-15 所示，环境传感器全球申请量排名前 20 的申请人，主要来自中国、日本、美国、德国等国家，其中日本和美国的申请人均是公司企业，中国大陆有 5 家上榜，高校和科研院所仍然占多数，歌尔声学是中国大陆唯一上榜的企业。

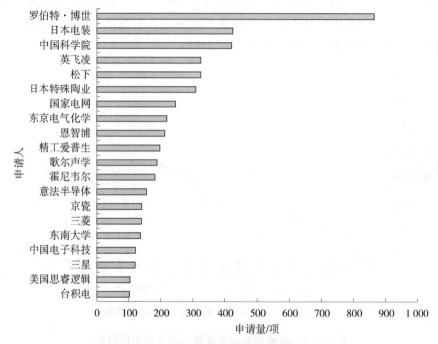

图3-3-15　环境传感器全球重要申请人

如图 3-3-16 所示，环境传感器中国申请量排名前 20 的申请人，主要来自中国、美国和日本。日本和美国的申请人均是公司企业；中国有 11 家高校和科研院所上榜，2 家企业上榜，即歌尔声学和中芯国际。

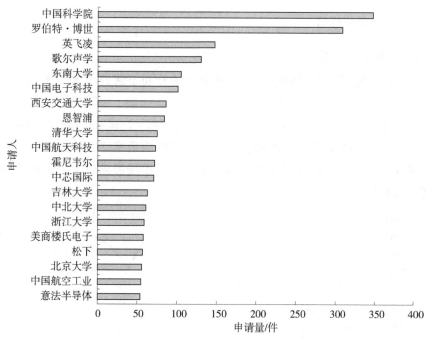

图3-3-16　环境传感器中国重要申请人

3. 布局区域分析

如图 3-3-17 和图 3-3-18 所示，环境传感器全球技术原创区域和目标市场区域图，中国、美国、日本在这两方面的占比均在前三位，可见，上述 3 个国家既是重要的原创技术输出国，研发实力较强，也是重要的目标市场国，市场需求较大。此外，德国和韩国的技术原创实力较强，是以技术输出为主的国家，欧洲和韩国的市场地位较为重要，是重要的技术输入地区。

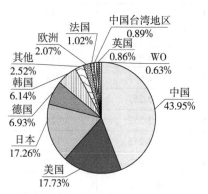

图3-3-17　环境传感器全球技术原创区域

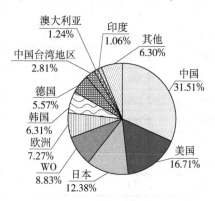

图3-3-18　环境传感器全球目标市场区域

3.3.4.3 光学传感器

1. 申请态势分析

在光学传感器分支领域中，全球和中国的专利申请趋势如图 3-3-19 和表 3-3-5 所示，2000 年，全球的专利申请量为 765 项，中国的专利申请量为 75 件。在 2006 年之前，全球和中国的专利申请量都呈快速增长趋势，2006 年以来，全球申请量波动较大，增长缓慢，中国的申请量稳定，增长缓慢。通过分析可知，光学传感器技术起步时间较早，全球市场需求较大，带来了专利申请量的增长。

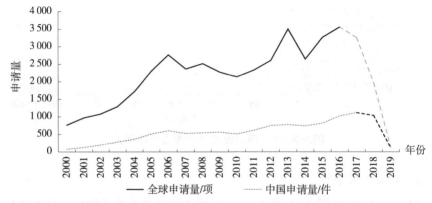

图3-3-19 光学传感器全球和中国专利申请趋势

表3-3-5 光学传感器全球和中国专利申请趋势

年度	全球申请量/项	中国申请量/件	年度	全球申请量/项	中国申请量/件
2000	761	75	2010	2 138	509
2001	975	125	2011	2 331	615
2002	1 082	195	2012	2 606	747
2003	1 291	283	2013	3 499	777
2004	1 724	364	2014	2 644	741
2005	2 298	512	2015	3 263	818
2006	2 767	602	2016	3 557	1 024
2007	2 367	526	2017	3 255	1 115
2008	2 518	547	2018	1 962	1 037
2009	2 273	566	2019	126	103

2. 主要申请人分析

如图 3-3-20 所示，光学传感器全球申请量排名前 20 的申请人，主要来自中国、日本、美国、德国等国家。日本和美国的申请人均是公司企业。

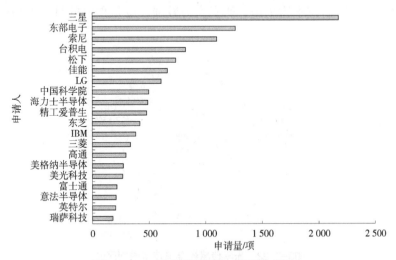

图3-3-20　光学传感器全球重要申请人

如图 3-3-21 所示，光学传感器中国申请量排名前 20 的申请人，主要来自中国、美国和日本。日本和美国的申请人均是公司企业；中国大陆有 6 家科研院所和 3 家企业上榜。

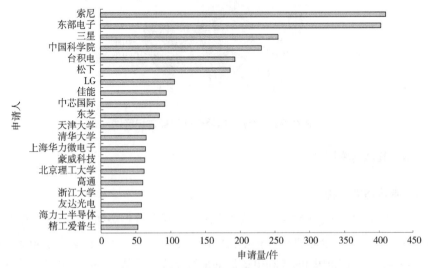

图3-3-21　光学传感器中国重要申请人排名

3. 布局区域分析

如图 3-3-22 和图 3-3-23 所示，光学传感器全球技术原创区域和目标市场区域图，中、美、日、韩在两方面的占比均在前四位，可见，上述 4 个国家既是重要的原创技术输出国，研发实力较强，也是重要的目标市场国，市场需求较大。

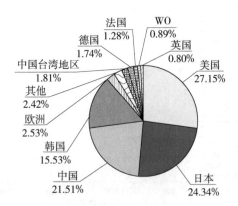

图3-3-22 光学传感器全球技术原创区域

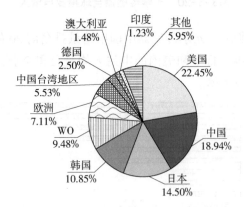

图3-3-23 光学传感器全球目标市场区域

3.3.4.4 其他传感器

1. 申请态势分析

在其他传感器分支领域中，全球和中国的专利申请趋势如图 3-3-24 和表 3-3-6 所示，2000 年，全球的专利申请量为 179 项，中国的专利申请量为 40 件。在 2013 年之前，全球和中国的专利申请量都呈缓慢增长趋势，2014 年以来，全球和中国的专利申请量都快速增长。通过分析可知，其他传感器技术起步时间较晚，现处于技术成长期。

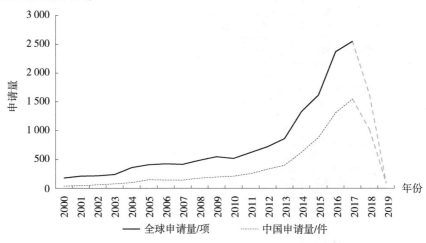

图3-3-24　其他传感器全球和中国专利申请趋势

表3-3-6　其他传感器全球和中国专利申请趋势

年度	全球申请量/项	中国申请量/件	年度	全球申请量/项	中国申请量/件
2000	179	40	2010	519	210
2001	213	47	2011	622	256
2002	219	62	2012	722	333
2003	241	78	2013	862	399
2004	360	99	2014	1 329	623
2005	411	150	2015	1 616	879
2006	425	144	2016	2 372	1 311
2007	416	142	2017	2 551	1 546
2008	488	177	2018	1 619	1 019
2009	549	196	2019	96	94

2. 主要申请人分析

如图 3-3-25 所示，其他传感器中国申请量排名前 20 的申请人，主要来自中国、美国和日本。其中，日本和美国的申请人均是公司企业；中国有 7 家科研院所和 5 家企业上榜。

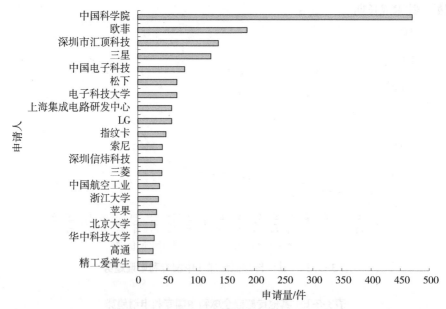

图3-3-25 其他传感器中国重要申请人排名

3. 布局区域分析

如图 3-3-26 和图 3-3-27 所示，其他传感器全球技术原创区域和目标市场区域图，中国、美国、日本在两方面的占比均在前三位。可见，上述 3 个国家既是重要的原创技术输出国，研发实力较强，也是重要的目标市场国，市场需求较大，中国、美国、日本是运动传感器领域的"领头羊"。此外，韩国的技术原创实力较强，是以技术输出为主的国家，欧洲的市场地位较为重要，是重要的技术输出地区。

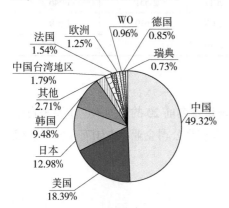

图3-3-26 其他传感器全球技术原创区域

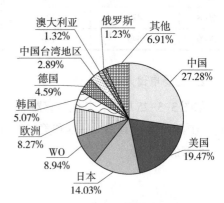

图3-3-27 其他传感器全球目标市场区域

3.4　重点对比分析

3.4.1　智能芯片全球和中国不同类型申请人布局重点分析

如图 3-4-1 所示，从全球申请人类型分布可以看出企业仍是智能芯片领域的主要创新主体，在通用芯片、专用芯片方面已经占据绝对地位；在类脑芯片、量子芯片以及其他芯片等基于新兴架构的下一代芯片的开发上，大学和科研院所的力量逐渐突出。

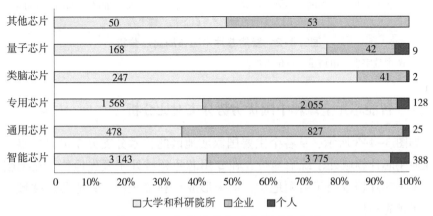

图3-4-1　智能芯片全球布局重点分析

注：图中数字表示申请量，单位为项。

如图 3-4-2 所示，从中国专利申请人的申请人类型区分可以看出，在通用芯片、专用芯片方面企业力量处于主导地位，而在类脑芯片、量子芯片以及其他芯片方面，企业、大学和科研院所的力量起主导作用，缺乏代表性企业。大学和科研院所在计算理论、芯片架构等基础研究层面具有更广泛的基础，对于人脑认知模型、量子计算技术等前沿学科具有更深入的探究，从而促进了基于这些前沿技术的智能芯片的研究。

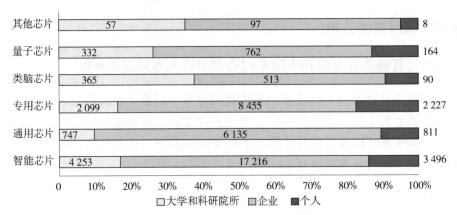

图3-4-2 智能芯片中国布局重点分析

注：图中数字表示申请量，单位为件。

3.4.2 智能芯片全球和中国优劣势分支对比分析

如图3-4-3所示，从各个主要国家或地区的技术分支分布可以看出，美国在通用芯片领域处于统治地位，在专用芯片领域处于领先地位，在类脑芯片、量子芯片领域处于引领地位，尚未形成专利壁垒；在其他芯片领域，中国处于领先地位。

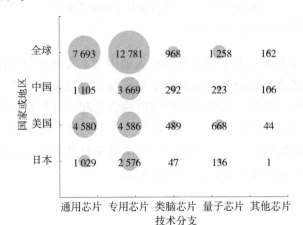

图3-4-3 智能芯片技术分支对比

注：图中数字表示申请量，单位为件。

3.4.3 智能芯片各分支主要申请人布局重点和布局区域分析

1. 布局重点

由图 3-4-4 可以看出，美国在通用芯片和专用芯片领域的申请量相当，均是 4 500 项左右，美国在通用芯片、专用芯片领域的申请量占比约为 44%，而在量子芯片的申请量占比为 7%，类脑芯片的申请量占比为 5%，相对较少。中国在专用芯片领域的申请量占比约为 68%，通用芯片的申请量占比为 21%，类脑芯片的申请量占比为 5%，量子芯片的申请量占比为 4%。可见，美国在智能芯片领域的研究重点放在通用芯片和专用芯片技术分支，而中国在智能芯片领域的研究重点主要放在专用芯片这一技术分支。

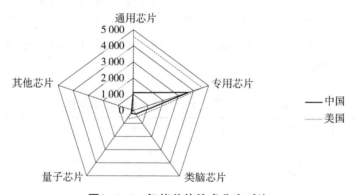

图3-4-4 智能芯片技术分支对比

2. 布局区域

如表 3-4-1 所示，从整体情况来看，美国申请量多于中国申请量，PCT 申请量占比达到 5.39%，高于中国的 2.51%。美国申请的平均同族数达到 9.19，远高于中国的 1，美国申请的平均同族国家数达到 2.31，远高于中国的 0.45。由此，可以看出美国申请人的海外布局意识更强。

表3-4-1 美国与中国布局区域对比

国家	申请量/件	WO	占比	同族度	同族国家数
美国	10 157	547	5.39%	9.19	2.31
中国	6 538	164	2.51%	1.00	0.45

此后，为了进一步对比中美的重点布局区域，我们对排名前 10 名的美国

申请人和中国申请人的 PCT 申请占比情况、国家同族数进行对比分析。

如表 3-4-2 与表 3-4-3 所示，通过对比发现，美国排名前十的申请人均存在 PCT 申请，并且近半数申请人的 PCT 申请量占比达到 10% 以上，有半数申请人的平均同族数在 5 以上，有半数申请人的平均同族国家数达到 2 以上。而中国排名前十的申请人中，仅有 4 个申请人存在 PCT 申请，除华为以外，中国科学院、清华大学和浙江大学的 PCT 申请量仅为 1~3 件，占比在 1% 左右，华为公司的 PCT 申请占比相对较高，达到 21.48%。此外，中国申请人的平均同族数普遍较低，低于 1，只有华为公司的平均同族数达到 2.19。同样，中国申请人的平均同族国家数非常低，普遍低于 1，只有华为公司的平均同族国家数达到 1.53。由此，可以看出排名前十的美国申请人的海外布局意识更强，注重申请 PCT 及同族专利，对一项技术形成专利族进行保护，并且同时布局到多个海外国家。与此对比，排名前十的中国申请人中仅有华为公司的海外布局意识较强，其他科研机构的申请人，主要在中国进行布局，尚未有"走出去"的意识。

表3-4-2　美国前十名申请人布局区域对比

申请人	申请量/件	WO	占比	同族度	同族国家数
英特尔	807	161	19.95%	5.11	2.24
IBM	798	26	3.26%	3.76	1.61
阿尔特拉	686	22	3.21%	4.07	1.11
赛灵思	544	15	2.76%	2.79	1.40
微软	455	55	12.09%	5.86	2.75
谷歌	355	82	23.10%	6.07	2.41
高通	347	11	3.17%	10.06	4.96
英伟达	344	19	5.52%	5.70	1.80
美国超微	169	18	10.65%	4.36	2.22
博通	152	4	2.63%	7.18	1.23

表3-4-3　中国前十名申请人布局区域对比

申请人	申请量/件	WO	占比	同族度	同族国家数
中国科学院	383	3	0.78%	0.72	0.37
清华大学	169	2	1.18%	0.66	0.49

续表

申请人	申请量/件	WO	占比	同族度	同族国家数
华为	135	29	21.48%	2.19	1.53
电子科技大学	99	0	0.00%	0.69	0.32
国家电网	95	0	0.00%	0.38	0.19
西安电子科技大学	92	0	0.00%	0.64	0.33
浪潮	84	0	0.00%	0.19	0.10
浙江大学	79	1	1.27%	0.62	0.37
中国航天科技	74	0	0.00%	0.72	0.36
中国航空工业	74	0	0.00%	0.24	0.12

3.4.4　智能芯片中美专利布局全面对比分析

如何量化评估专利质量？通常主要从专利度和特征度这两个维度进行量化评估。专利度是申请保护专利权个数，越大越好。特征度是主要权项的技术限制特征数，越小越好。在此基础上，我们进一步对授权专利质量进行评估对比，分析授权专利度，授权专利的专利权个数，越大越好。授权特征度是授权专利主要权项的技术限制特征数，越小越好。此外，从申请人对授权专利持续付费情况以及专利申请的被引用情况评估专利质量，生命期是申请日至付费结束的年数。被引用度是专利申请被其他专利申请引用的篇数。此外，采用同族度和同族国家数评估专利海外布局情况，其中，同族度是专利申请的同族数量。同族国家数是专利申请的同族所包括的国家数量。

在此基础上，为了分析在智能芯片领域、中美专利质量及专利布局情况，我们分别选取在该领域申请量排名在前 10 名的美国申请人和中国申请人，对其专利申请的专利度、特征度、授权专利度、授权特征度、生命期、同族度、同族国家数和被引用度进行统计分析，对比两国专利质量及专利布局情况，并给出相应的政策建议。

如表 3-4-4、表 3-4-5 和表 3-4-6 所示，在智能芯片领域，美国前 10 名申请人专利申请的平均专利度为 22.376，平均特征度为 5.719，授权专利度为 20.957，平均授权特征度为 14.972，专利申请质量普遍优于中国。中国前 10 名申请人专利申请的平均专利度及平均授权专利度不足 10，均远小于美国；而平均特征度及平均授权特征度大于 30，远高于美国。此外，在生命期上，美国前 10 名申请人专利申请的平均生命期为 8.961，高于中国前 10 名申请人专利申请的平均生命期 4.341，这说明美国申请人在专利申请授权后持续缴费的年限要高于中国申请人。在被引用度指标上，美国前 10 名申请人专利申请的平均被引用度达到 11.63，远高于中国的 1.415，美国专利申请的整体质量优于中国。从海外布局情况来看，美国前 10 名申请人专利申请的平均同族度为 5.496，平均同族国家数为 2.173，均高于中国。中国前 10 名申请人专利申请的平均同族度为 0.705，平均同族国家数为 0.418，美国专利申请人海外布局意识更强。

表3-4-4 美国前十名申请人的专利申请情况

申请人	数量/件	专利度	特征度	授权专利度	授权特征度	生命期	同族度	同族国家数	被引用度	第一发明人
英特尔	807	22.97	3.77	21.41	14.41	5.40	5.11	2.24	3.68	496
IBM	798	19.13	3.65	16.49	16.40	8.70	3.76	1.61	9.21	510
阿尔特拉	686	24.03	10.28	23.64	12.81	12.10	4.07	1.11	14.89	368
赛灵思	544	19.32	11.55	21.05	14.79	13.50	2.79	1.40	26.03	240
微软	455	21.77	3.23	19.64	17.19	7.80	5.86	2.75	12.86	357
谷歌	355	20.81	6.90	21.12	16.59	3.10	6.07	2.41	2.99	232
高通	347	34.85	1.68	29.94	13.84	6.11	10.06	4.96	9.67	190
英伟达	344	19.98	8.43	19.76	14.94	9.80	5.70	1.80	10.60	192
美国超微	169	21.31	2.60	20.25	13.30	8.40	4.36	2.22	13.28	130
博通	152	19.59	5.10	16.27	15.45	14.70	7.18	1.23	13.09	128
美国平均	465.7	22.376	5.719	20.957	14.972	8.961	5.496	2.173	11.63	284.3

表3-4-5 中国前十名申请人的专利申请情况

申请人	数量/件	专利度	特征度	授权专利度	授权特征度	生命期	同族度	同族国家数	被引用度	第一发明人
中国科学院	383	9.16	23.34	8.54	27.92	4.90	0.72	0.37	1.28	186
清华大学	169	10.22	25.69	9.16	32.14	3.11	0.66	0.49	1.05	78
华为	135	15.50	14.28	13.85	14.11	5.10	2.19	1.53	1.60	99
电子科技大学	99	4.86	35.72	4.50	40.98	4.30	0.69	0.32	1.37	47
国家电网	95	6.76	32.23	6.29	37.92	3.80	0.38	0.19	1.33	72
西安电子科技大学	92	5.04	47.76	4.22	52.32	5.40	0.64	0.33	2.68	37

续表

申请人	数量/件	专利度	特征度	授权 专利度	授权 特征度	生命期	同族度	同族 国家数	被引 用度	第一 发明人
浪潮	84	7.43	17.86	6.13	30.06	3.30	0.19	0.10	0.70	68
浙江大学	79	4.70	39.52	3.98	46.67	6.00	0.62	0.37	2.46	49
中国航天科技	74	4.80	40.74	3.89	48.00	4.80	0.72	0.36	1.41	42
中国航空工业	74	3.34	39.77	3.45	38.20	2.70	0.24	0.12	0.27	38
中国平均	128.4	7.18	31.691	6.401	36.832	4.341	0.705	0.418	1.415	71.6

表3-4-6　中国和美国前十名申请人的专利申请平均情况对比

国家	数量/件	专利度	特征度	授权 专利度	授权 特征度	生命期	同族度	同族 国家数	被引 用度	第一 发明人
美国	465.7	22.376	5.719	20.957	14.972	8.961	5.496	2.173	11.630	284.3
中国	128.4	7.180	31.691	6.401	36.832	4.341	0.705	0.418	1.415	71.6

在上述宏观分析的基础上，在智能芯片领域，我们分别选取美国、中国排名在前的申请人，对重要申请人的高价值专利进行具体分析。选取的美国申请人包括英特尔、IBM、阿尔特拉；选取的中国申请人包括中国科学院、清华大学、寒武纪。其中，寒武纪公司虽然排名在后，但由于寒武纪公司授权华为海思使用寒武纪 1A 处理器，搭载于麒麟 970 芯片和麒麟 980 芯片，因此，我们将寒武纪公司作为重要申请人对其高价值专利进行进一步分析。在确定重要申请人后，分别从每个申请人中选取被引用数量最高的专利申请作为高价值专利进行具体分析。具体分析结果见表 3-4-7 和表 3-4-8。

表3-4-7　美国重要申请人的高价值专利

申请人	高价值 专利	被引用	被自引 用次数	被引用 公司数	被引用 国家	同族	同族 国家	专利度	特征度
英特尔	US20030093628	155	0	11	5	7	6	34	7
	US20050149697	104	11	11	1	24	4	22	25
	US20050125802	100	8	16	3	6	4	17	12
	US20050289367	81	9	17	5	1	1	44	32

续表

申请人	高价值专利	被引用	被自引用次数	被引用公司数	被引用国家	同族	同族国家	专利度	特征度
IBM	US20120109866	155	27	12	3	10	6	27	27
	US20110119214	143	20	13	2	11	5	25	12
	US20030110339	132	12	24	6	1	1	27	27
	US20110119215	126	7	12	2	1	1	1	17
阿尔特拉	US6798240	132	25	18	5	2	1	35	7
	US6005806	132	64	16	3	7	1	24	14
	US6467017	101	86	7	3	0	0	12	13
	US7701252	100	4	21	4	2	1	20	11

表3-4-8 中国重要申请人的高价值专利

申请人	高价值专利	被引用	被自引用次数	被引用公司数	被引用国家	同族	同族国家	专利度	特征度
中国科学院	CN103019656A	37	1	9	4	1	1	24	41
	CN1952900A	16	6	5	4	0	0	5	29
	CN105184366A	12	9	3	2	1	1	11	12
	CN102298352A	10	1	5	1	1	1	11	54
	CN106447034A	10	7	3	2	0	0	10	16
	CN105488565A	9	3	6	3	4	3	10	35
	CN101739235A	9	2	6	1	0	0	21	23
清华大学	CN105095961A	7	1	4	2	0	0	10	17
	CN104809498A	6	2	3	1	0	0	44	15
	CN105095967A	6	1	4	2	0	0	11	29
	CN104916313A	5	3	3	1	0	0	9	14
	CN105095966A	4	0	2	2	0	0	13	7
	CN105095965A	4	0	2	2	0	0	7	13
寒武纪	CN105512723A	12	6	6	1	14	4	10	23

从表3-4-7和表3-4-8可以看出，中国申请人的高价值专利被引用次数明显少于美国，被引用公司数在10家以下，被引用国家也基本上是1~2个国

家，而美国申请人上述高价值专利的被引用公司数基本为 10~20 家，被引用国家能够达到 3~4 个国家。并且，美国的上述高价值专利基本都申请同族专利，并且同族数量较多，同族国家数量也在 4~6 个国家，说明在多个国家进行布局，而中国的上述高价值专利大部分未申请同族专利，并且同族数量、同族国家数量都很少，基本为 1 个国家。

3.4.5　智能传感器中国和美国专利布局对比分析

3.4.5.1　目标市场国对比

在智能传感器领域中，将中国和美国作为目标市场国，统计的专利申请量如图 3-4-5 所示，中国为 48 977 件，占 54.69%；美国为 40 578 件，占 45.31%。中国作为目标市场国的专利申请量占比，略高于美国作为目标市场国的专利申请量占比。

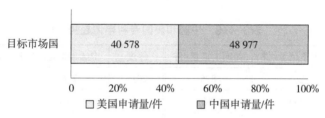

图3-4-5　中美申请量对比

在智能传感器领域中，中国和美国的专利申请趋势如图 3-4-6 和表 3-4-9 所示，2000 年，美国的专利申请量为 895 件，中国的专利申请量为 216 件，美国的专利申请量为中国的 4 倍多。在随后的四五年中，两国的专利申请量持续增长。2005—2009 年，美国专利申请量基本无增长，而中国增速放缓后又开始持续增长。2010—2013 年，美国的专利申请量小幅增长，中国的专利申请量快速增长。2014 年，美国的专利申请量出现转折点，近几年专利申请量持续下滑，中国的专利申请量依然保持快速增长，2015 年，中国的专利申请量（3 266 件）超过了美国的专利申请量（2 954 件）。专利申请量的态势受国家经济的影响比较大。由上述分析可知，中国在智能传感器领域起步晚，但近十年来专利申请量快速增长，美国在该领域起步早，相关技术积累深厚，但近十年来专利申请量增速放缓。

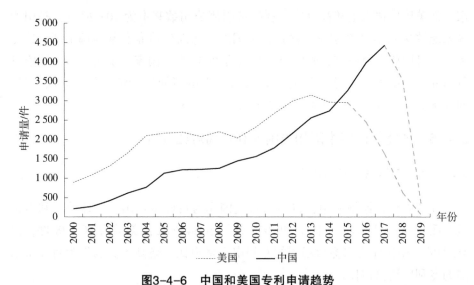

图3-4-6 中国和美国专利申请趋势

表3-4-9 中国和美国专利申请趋势

年度	中国申请量/件	美国申请量/件	年度	中国申请量/件	美国申请量/件
2000	286	895	2010	2 208	2 327
2001	443	1 087	2011	2 674	2 679
2002	682	1 320	2012	3 192	2 997
2003	999	1 656	2013	3 728	3 149
2004	1 239	2 100	2014	4 069	2 966
2005	1 498	2 163	2015	4 868	2 954
2006	1 468	2 190	2016	5 811	2 448
2007	1 566	2 077	2017	5 673	1 632
2008	1 727	2 206	2018	4 173	24
2009	1 912	2 042	2019	58	

3.4.5.2 中美专利质量对比

在智能传感器领域中，将中国和美国作为技术原创国，统计的专利申请量如图3-4-7所示，中国为32 507件，占60.16%，美国为21 006件，占39.84%。中国作为技术原创国的专利申请量占比略高于美国作为技术市场国的专利申请量占比。

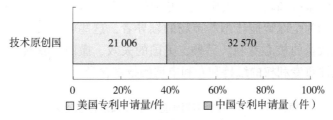

图3-4-7　中美技术原创申请量对比

如表 3-4-10 所示，选取多个指标来衡量中美专利质量。将中国和美国作为技术原创国，中国的专利申请量为美国的 1.55 倍。中国的有效专利数量为美国的 0.85 倍，中国的专利存活率（专利有效量/申请总量）为 26.25%，美国的专利存活率为 58.86%；中国的专利公开量为美国的 3.08 倍，中国的专利活跃度（专利公开量/申请总量）为 41.79%，美国的专利活跃度为 25.79%。可见，中国的智能传感器技术处于成长期，技术成熟度较低，但是技术活跃度高；美国的智能传感器技术处于成熟期，技术成熟度高，技术活跃度较低。

表3-4-10　中国和美国专利质量对比

技术原创国	申请量/件	有效/件	公开/件	失效/件	撤回/件	驳回/件	存活率	活跃度	生命期	同族	被引用
中国	32 507	8 426	13 413	2 862	4 953	2 446	26.25%	41.79%	4.11	0.81	2.80
美国	21 006	9 949	4 359	1 617	798	179	58.86%	25.79%	8.80	16.16	9.97

中国失效的专利数量为美国的 1.77 倍、撤回的专利数量为美国的 6.21 倍、驳回的专利数量为美国的 13.66 倍，中国在专利转化运用、专利质量方面还有较大的提升空间。

美国专利的生命期、同族、被引用等指标均高于中国，中国在专利权的维持、专利的海外布局以及核心技术方面均有较大提升空间。

进一步，对各法律状态下的申请人进行分析，如表 3-4-11 所示。中国有效专利的申请人高校和公司约各占一半，中国科学院、东南大学、清华大学等实力较强，中芯国际、上海集成电路一直是该领域国内企业的领军者。近几年，中国企业逐渐重视技术研发和专利布局，南昌欧菲、歌尔声学、汇顶科技等高科技公司的专利申请量大幅增长。中国的失效、撤回、驳回的专利几乎均是高校申请人。可见，中国高校申请人对专利申请的热情较高，但不注重专利权的维持和转化。美国有效专利的申请人均为公司，IBM、英飞凌、霍尼韦尔等均为全球智能传感器市场的领导者，这些申请人持有大量的有效专利，掌握大量的核心专利。另外，美国的失效、撤回、驳回的专利数量较少，其比较注重专利权的维持和专利申请的技术含量。

表3-4-11　中国和美国重要申请人法律状态对比

法律状态	中国申请人排名	美国申请人排名
有效	中国科学院	IBM
	中国电子科技	苹果
	中芯国际	霍尼韦尔
	东南大学	美光科技
	清华大学	高通
公开	中国科学院	高通
	欧菲	英特尔
	中国航天科技	苹果
	中国电子科技	霍尼韦尔
	歌尔声学	IBM
失效	中国科学院	IBM
	上海交通大学	霍尼韦尔
	北京航空航天大学	美光科技
	东南大学	英特尔
	浙江大学	通用电气
撤回	中国科学院	霍尼韦尔
	电子科技大学	高通
	中国电子科技	美光科技
	欧菲	应用材料
	上海交通大学	陶氏杜邦

3.4.6　MEMS 传感器中美专利布局对比分析

微机电系统（Micro Electro Mechanical Systems，MEMS）将微型机构、微型传感器、微型执行器以及信号处理和控制电路、接口、通信模块和电源等集成于一体，具有体积小、重量轻、功耗低、可靠性高等特点，已成为智能感知的重要硬件基础。MEMS 技术是智能传感器的关键技术，已进入快速发展阶段。《智能传感器产业三年行动指南（2017—2019 年）》指出"着力突破硅基 MEMS 加工技术、MEMS 与互补金属氧化物半导体（CMOS）集成。"因此，我们对中美两国在 MEMS 传感器方面的专利情况进行对比分析。

在 MEMS 传感器领域，将中国和美国作为技术原创国，统计的专利申请量如图 3 - 4 - 8 所示，中国为 1 342 件，占 15. 25%，美国为 7 459 件，占 84. 75%。中国作为技术原创国的专利申请量远低于美国作为技术原创国的专利申请量占比。

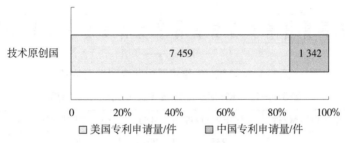

图3-4-8　MEMS 传感器中美技术原创申请量对比

3. 4. 6. 1　申请趋势对比

如 MEMS 传感器中美专利申请趋势图 3-4-9 和表 3-4-12 所示，2000 年，中国的 MEMS 技术刚起步，而美国的专利申请量已达到 235 件；2006 年之前，中国的 MEMS 技术都处在技术积累期，而美国的专利申请量先增后降；2007—2010 年，中国的 MEMS 技术的专利申请量缓慢增长，2010 年达到 85 件；2011 年，专利申请量出现小幅回落后持续增长，2015 年达到 193 件。美国在这一时期，专利申请量出现明显下滑，2009 年，美国的专利申请量下滑到 272 件；2016 年和 2017 年受世界经济的影响，中美两国的专利申请量均出现下滑。通过以上分析可知，虽然美国 MEMS 传感器领域专利申请趋势波动较大，但是专利申请量还是远远高于中国。例如，2015 年，中国的专利申请量最高达到 193 件，而这年美国的申请量是 485 件，是中国的 2.5 倍，美国在MEMS 传感器领域专利申请积累雄厚，中国在 MEMS 传感器方面仍然落后于美国。

图3-4-9　MEMS 传感器中美专利申请趋势

表3-4-12　MEMS 传感器中美专利逐年申请量

年度	中国申请量/件	美国申请量/件	年度	中国申请量/件	美国申请量/件
2000	2	235	2010	85	342
2001	0	437	2011	77	354
2002	4	489	2012	110	373
2003	11	474	2013	157	463
2004	12	441	2014	181	503
2005	11	476	2015	193	485
2006	10	400	2016	149	363
2007	19	398	2017	106	250
2008	39	328	2018	92	129
2009	72	272	2019	12	7

3.4.6.2　主要申请人对比

　　图 3-4-10 示出了 MEMS 传感器美国主要申请人排名，图 3-4-11 示出了 MEMS 化感器中国主要申请人排名，美国排名第一的申请人霍尼韦尔的申请量为 272 件．美国排名前六申请人的专利申请总量为 1 174 件，而中国排名第一的申请人中芯国际的申请量为 136 件，中国排名前六申请人的专利申请总量为 467 件。通过上述分析可知，美国专利的主要申请人掌握了大量 MEMS 传感器专利，主要申请人持有的专利数量较多，申请人的集中度较高，而中国的主要申请人持有的专利数量较少，申请人较为分散，申请人集中度较低。

国内企业、高校和科研院所在该领域也积累了一定的专利，但中国企业起步晚，缺乏基础研究，在基础专利上数量低，缺少产业内创新和规模上的领军企业。中美在 MEMS 传感器领域专利申请人的实力差距较大。

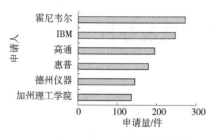

图3-4-10　MEMS 传感器
美国主要申请人排名

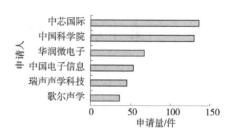

图3-4-11　MEMS 传感器
中国主要申请人排名

3.4.6.3　中美专利质量对比

如表 3-4-13 所示，中国的有效专利数量为美国的 0.02 倍，中国的专利存活率（专利有效量/申请总量）为 56.47%，美国的专利存活率为 73.25%；中国的专利公开量为美国的 0.39 倍，中国的专利活跃度（专利公开量/申请总量）为 18.23%，美国的专利活跃度为 13.71%。可见，中国的 MEMS 传感器的有效和公开专利数量远远小于美国，由于中国从 2006 年开始 MEMS 传感器的专利申请量才有所增长，因此，专利存活率较高，但还是少于美国的专利存活率。中国两国的专利活跃度都不是太高，说明 MEMS 技术已经相对成熟或遇到技术屏障难以攻克。

从生命期、同族、被引用等指标来看，美国专利的生命期、同族、被引用等指标均高于中国，中国在专利权的维持、专利的国外布局以及核心技术方面在短时间内难以超越。

表3-4-13　MEMS 传感器中美专利质量对比

技术原创国	申请量/件	有效/件	公开/件	失效/件	撤回/件	驳回/件	存活率	活跃度	生命期	同族	被引用
中国	1 342	703	227	135	103	77	56.47%	18.23%	5.6	1.59	2.17
美国	7 459	3 056	572	525	15	4	73.25%	13.71%	10.7	36.3	12.82

第4章 通用技术专利状况分析

涉及人工智能的通用技术，主要指人工智能软件方面的基础的、底层的技术，可以通用于人工智能领域各个方面，具体分为基础算法和应用技术。基础算法部分更多地涉及支撑人工智能发展的基础理论、算法方面的专利申请，如机器学习、神经网络、深度学习、逻辑编程、专家系统等。应用技术部分更多地涉及人工智能在实际落地、使用时更加细化、具体的关于计算机技术方面的专利申请，如视觉感知、语音感知、自然语言处理。由于应用技术也是在基础算法的基础上进一步发展而来的，因此在应用技术与基础算法两部分的专利申请会有部分重叠，如利用一种改进的深度学习方法进行图像识别的申请可能既出现在基础算法部分，也出现在应用技术部分。

4.1 通用技术整体专利状况分析

4.1.1 通用技术全球和中国申请态势分析

通用技术在 2000 年 1 月 1 日至 2019 年 5 月 31 日的中国申请量为 166 678 件，全球申请量为 325 193 项。如图 4-1-1 所示，从 2000 年至 2019 年与通用技术相关的全球和中国的专利申请量趋势一致，近 5 年呈爆发态势，2000—2010 年申请量缓慢增长。2010 年开始申请量增长率逐年提高，自 2015 年起全球和中国申请量都呈现明显上升趋势，这也与人工智能产业于 2016 年起开始进入产业发展期相一致。

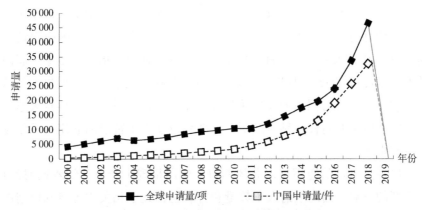

图4-1-1　通用技术全球和中国申请态势图

4.1.2　通用技术全球和中国主要申请人分析

如图 4-1-2 所示，通用技术全球申请人前 20 名中，排名第一的是美国 IBM 公司，之后是日本佳能公司和韩国三星公司。在主要全球申请人中，日本申请人占 10 家，中国申请人占 4 家，美国申请人占 3 家，韩国申请人占 3 家；其中 18 家企业类型申请人，2 家高校研究院所申请人（中国、韩国各一家）。

可以看到，目前通用技术总体而言，全球呈现出技术创新推动产业发展，产业发展进一步促进技术创新的良好形态。美国占据申请人的龙头位置，日本在主要申请人数量上占有明显优势，中国也逐渐进入全球主要申请人的行列。

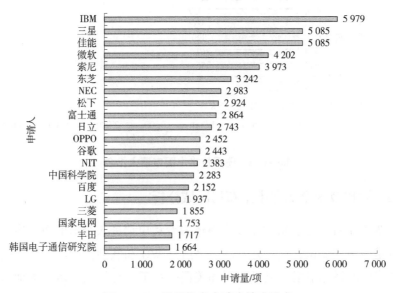

图4-1-2　通用技术全球申请人排名

如图 4-1-3 所示，通用技术中国申请人前 20 名中，排名第一的是中国科学院，之后是百度公司和 OPPO 公司。在主要中国申请人中，国内申请人占 17 家，美国申请人占 1 家，日本申请人占 1 家，韩国申请人占 1 家。国内主要的 IT 公司，如百度、小米、华为、联想也都在人工智能的通用技术领域进行了专利布局。同时国内西安电子科技大学、浙江大学、电子科技大学、清华大学等 9 所重要高校、科研院所，也都积极在人工智能的通用技术领域进行了专利申请。

可以看到，目前通用技术总体而言，中国呈现出产业与学术同时发展、积极创新的态势。国内申请人于数量和排名上都处于相关中国专利申请的龙头位置。但大多数主要的中国申请人目前还未进入主要全球申请人的行列，更多地集中于国内进行专利申请和专利布局。

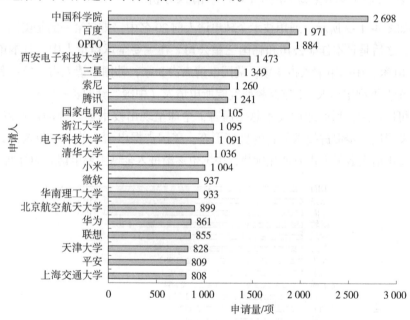

图4-1-3　通用技术中国申请人排名

4.1.3　通用技术全球和中国布局区域分析

如图 4-1-4 所示，就通用技术整体的专利申请进入全球的布局来看，布局重点是中国和美国，其次是日本，之后是 WO 和欧洲。可以看出，全球人工智能产业的目标市场重点是中国和美国，对于所有的全球申请人而言，最希望在中国、美国得到人工智能软件基础方面的专利保护。

如图 4-1-5 所示，就最早提出通用技术整体的专利申请的国家和地区来看，原创国家和地区仍然是中国和美国，其次是日本，之后是韩国。可以看出，中国、美国、日本正在积极进行人工智能关于通用技术方面的专利布局。

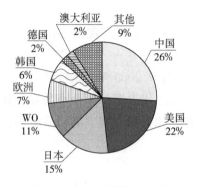

图4-1-4　通用技术全球
目标市场占比图

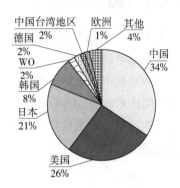

图4-1-5　通用技术全球原创
国家和地区占比图

4.1.4　通用技术全球和中国主要技术分支分析

通用技术中主要分为基础算法和应用技术，其中基础算法更涉及人工智能底层、核心算法，其专利申请量明显少于应用技术。基础算法全球申请量49 506 项，应用技术全球申请量 289 284 项，应用技术的全球申请量是基础算法的全球申请量的 5 倍多。同时，在基础算法中，全球申请量与中国申请量是1∶0.73，在应用技术中，全球申请量与中国申请量是1∶0.50，说明中国专利申请相对于全球专利申请而言，针对基础算法的专利申请热情高于针对应用技术的专利申请热情（见图 4-1-6）。

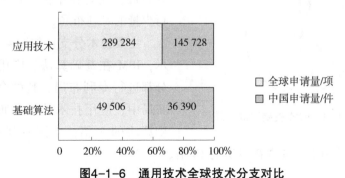

图4-1-6　通用技术全球技术分支对比

4.1.5　通用技术全球和中国主要申请人布局重点分析

4.1.5.1　IBM

美国 IBM 公司是传统的计算机产业巨头，其在人工智能的通用技术方面也占据全球申请量的第一。

全球专利申请态势：如图 4-1-7 所示，IBM 从 2000 年开始就已经有人工智能通用技术相关的专利申请，并在 2006—2010 年出现第一个小高峰，其正是深度学习第一个发展期。后来于 2015 年开始相关的专利申请明显增多，专利布局密度增加。

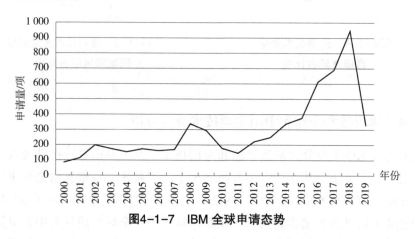

图4-1-7　IBM 全球申请态势

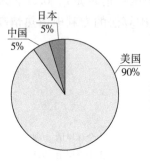

图4-1-8　IBM 主要布局区域

主要布局区域：如图 4-1-8 所示，IBM 在美国进行绝对数量的专利布局，同时在中国、日本同时进行少量的专利布局。

主要技术分支：如图 4-1-9 所示，IBM 在基础算法、应用技术部分都进行专利布局，其中全球专利布局中，应用技术的专利布局是基础算法的 3 倍；中国专利布局中，应用技术的专利布局是基础算法的 13 倍。

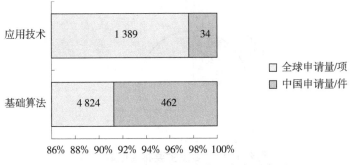

图4-1-9　IBM主要技术分支专利布局

4.1.5.2　百度

　　中国百度公司是全球最大的中文搜索引擎，也是国内典型的进行人工智能研究的科技公司，其是在中国申请排名第 2 的申请人，同时是中国申请排名第 1 的企业申请人。

　　中国专利申请态势：如图 4-1-10 所示，百度从 2010 年才开始对人工智能通用技术的布局，从 2016 年人工智能产业得到迅猛发展之后在专利布局上也呈现急速上升态势。

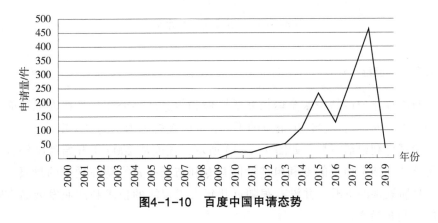

图4-1-10　百度中国申请态势

　　主要布局区域：如图 4-1-11 所示，百度在中国进行最大数量的专利布局，同时在美国进行一定的专利布局以及在日本进行少量的专利布局。

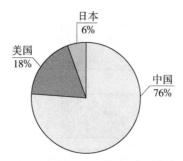

图4-1-11　百度主要布局区域

主要技术分支：如图 4-1-12 所示，百度在基础算法和应用技术部分都进行了专利布局。

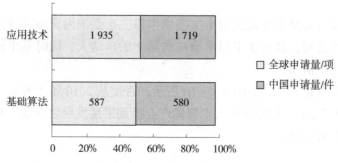

图4-1-12　百度主要技术分支

4.1.5.3　佳能

日本佳能公司是一家全球依靠的影像和信息产品公司，其在人工智能的通用技术方面也占据全球申请量的第二，同时是排名第一的日本申请人。

全球专利申请态势：如图 4-1-13 所示，佳能从 2000 年开始就已经有人工智能通用技术相关的专利申请，但其专利布局一直维持在同样的量级，甚至出现阶段性的下滑，并没有跟随近几年人工智能的技术和产业发展而有明显的专利布局增长。

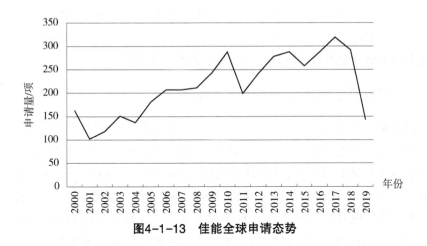

图4-1-13　佳能全球申请态势

主要布局区域：如图 4-1-14 所示，佳能在日本进行一半数量的专利布局，同时在美国进行重点布局，以及在中国进行少量的专利布局。

主要技术分支：如图 4-1-15 所示，佳能在应用技术上的布局明显多于基础算法，也显示出日本主要申请人在近几年来的人工智能通用技术领域已经呈退出趋势。

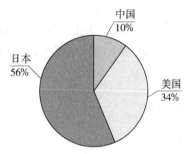

图4-1-14　佳能主要布局区域

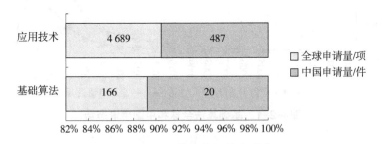

图4-1-15　佳能主要技术分支

4.2　基础算法专利状况分析

人工智能通用技术中的基础算法可以按照其原理的不同分为逻辑可编程、模糊逻辑、概率推理、本体工程和机器学习，机器学习中又包括了决策树、支持向量机、聚类、神经网络，而神经网络中又发展出深度学习，其中深度学习的技术突破带动了近几年全球人工智能热潮。因此，本次研究中的基础算法中的主要分支选取了机器学习、神经网络和深度学习。

4.2.1 基础算法全球和中国申请态势分析

如图4-2-1所示，2000年至2019年与基础算法相关的全球和中国的专利申请量趋势一致，近5年呈爆发态势。2000—2005年，申请量较小，每年全球申请量在300~500项，中国申请量在20~100件。2006年开始申请量逐渐增加，至2015年全球申请量达到了3 681项，中国申请量达到2 453件。随后，申请量呈现井喷，2016年全球申请量为7 228项，中国申请量为4 680件，均接近2015年申请量的两倍，2017年全球申请量为12 983项，中国申请量为8 198件，增幅都超过75%。2018年全球申请量比上一年度有所下降，但中国申请量仍增幅为上一年度的64.6%达到了13 495件。目前，全球申请量总量达到48 783项，中国申请总量达到36 324件。

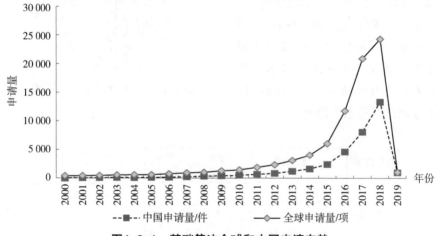

图4-2-1 基础算法全球和中国申请态势

4.2.2 基础算法全球和中国主要申请人分析

如图4-2-2所示，在基础算法领域，全球排名前20位的申请人中，中国申请人为15个，占2/3，其中又以高校和研究院所为主（13个）。国外申请人中，IBM公司的申请最多（1 407项），微软（860项）、谷歌（673项）、三星（500项）和英特尔（448项）分别列第4位、第6位、第13位和第 14 位。中国申请人中，中国科学院（1 138 项）、西安电子科技大学（939 项）在全球申请量排名第 2 位和第 3 位，国家电网（738 项）排名第 5 位，百度（584 项）排名第 8 位。

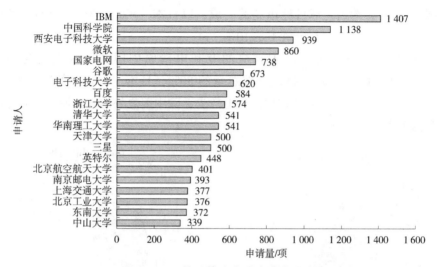

图4-2-2　基础算法全球申请人排名

如图 4-2-3 所示，在基础算法领域，排名前 20 的中国申请人中除了国家电网（783 项）、百度（584 项）和平安科技（308 项），其余均为高校科研院所。可见，基础算法是我国高校和科研院所研究的热点领域。

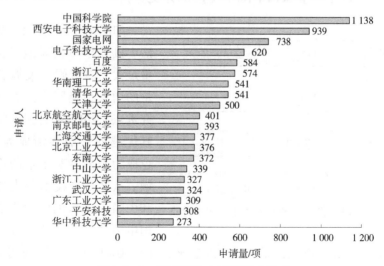

图4-2-3　基础算法中国申请人排名

4.2.3 基础算法全球和中国布局区域分析

如图 4-2-4 所示，基础算法的专利申请目标市场主要为中国（43%）和美国（23%），约占全球目标市场的七成，以日本（6%）、欧洲（6%）和韩国（4%）为目标的专利申请不足 10%。

如图 4-2-5 所示，基础算法的专利申请原创国和地区主要为中国（56%）和美国（28%），超过全部总量的 80%，日本（5%）、韩国（4%）、欧洲（2%）分别排第 3~5 位但总量上较少，除中美之外的其他原创国和地区总和为 16%。

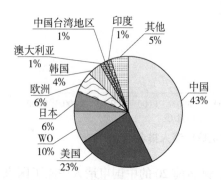 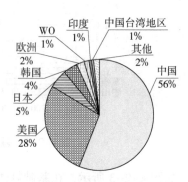

图4-2-4 基础算法全球目标市场占比　图4-2-5 基础算法全球原创国和地区占比

4.2.4 基础算法全球和中国主要技术分支分析

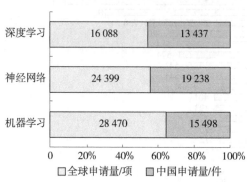

图4-2-6 基础算法全球和中国主要技术分支

如图 4-2-6 所示，基础算法中机器学习出现最早，申请量最大，随着硬件发展和数据量的增长神经网络接着成为研究重点，2012 年后深度学习以其优越的性能逐渐成为热点，也成为当前专利申请的重点领域。从这三个技术分支的全球和中国申请量的对比来看，中国申请量在三个技术分之都占全球申请量的 50% 以上，深度学习占全球申请量 80% 以上，可见我国对人工智能的基础算法的研究在蓬勃发展。

4.2.4.1　机器学习

如图 4-2-7 至图 4-2-11、表 4-2-1 所示，在机器学习领域，在 2007 年之前中国申请量很少（每年不足 100 件），在 2007 年之后逐步和全球申请趋势保持一致。全球排名前 10 位的申请人中排名第一的是 IBM（1 041 项），中国申请人占 7 个，6 个为高校和科研院所，西安电子科技大学（604 项）排名第二、国家电网（549 项）排名第三，微软（544 项）和谷歌（469 项）分别排名第四位和第六位。中国申请人中，浙江大学（377 项）、电子科技大学（343 项）、天津大学（290 项）、华南理工大学（247 项）、北京航空航天大学（236 项）在该技术分支下也储备了较多的专利申请。这些申请的目标国和原创国集中在中国和美国，中国均占首位。

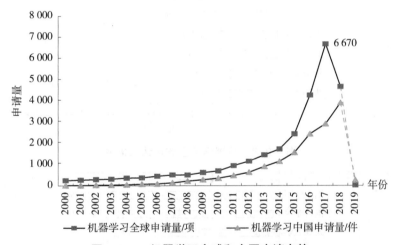

图4-2-7　机器学习全球和中国申请态势

表4-2-1　机器学习全球和中国申请量对比

年份	全球申请量/项	中国申请量/件	年份	全球申请量/项	中国申请量/件
2000	244	12	2010	692	349
2001	267	13	2011	942	475
2002	296	29	2012	1 149	627
2003	316	32	2013	1 448	898
2004	364	46	2014	1 727	1 143
2005	374	74	2015	2 437	1 563

续表

年份	全球申请量/项	中国申请量/件	年份	全球申请量/项	中国申请量/件
2006	450	88	2016	4 257	2 434
2007	507	136	2017	6 670	2 908
2008	504	211	2018	4 666	3 897
2009	618	281	2019	20	261

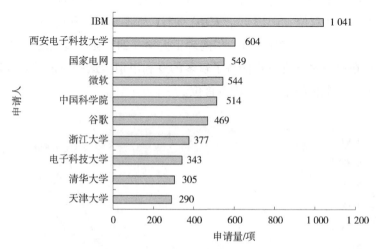

图4-2-8 机器学习全球申请人排名

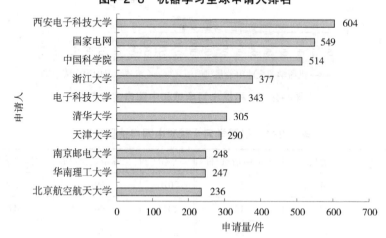

图4-2-9 机器学习中国申请人排名

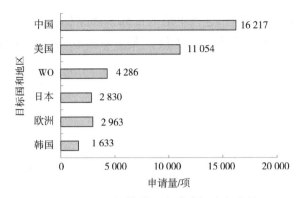

图4-2-10　机器学习全球目标市场占比

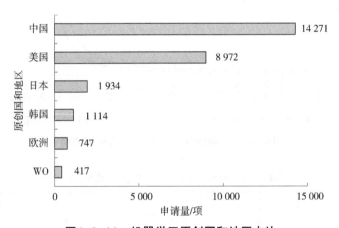

图4-2-11　机器学习原创国和地区占比

4.2.4.2　神经网络

如图 4-2-12 至图 4-2-16、表 4-2-2 所示，在神经网络领域，2012 年后全球和中国申请量才开始大幅增加，增速越来越快，并在 2015—2017 年出现激增，全球申请量超过 7 000 项，中国申请量超过 4 000 件，在 2018 年中国申请量几乎翻倍达到了 8 442 件。全球排名前 10 位的申请人中排名第一的是中国科学院（545 项），第二是 IBM（472 项），国家电网（443 项）、谷歌（398 项）分别排名第三、第四，西安电子科技大学（367 项）、电子科技大学（346 项）、华南理工大学（337 项）、清华大学（333 项）紧随其后，百度（291 项）排名第九位，三星（286 项）排名第十。中国申请人中，浙江大学（275 项）、天津大学（261 项）、北京工业大学（207 项）也进入了前十名。与机器学习领域一样，这些申请的目标国和原创国集中在中国和美国，中国均占首位，中国约为美国的 3 倍，大量中国原创申请的目标市场都在中国。

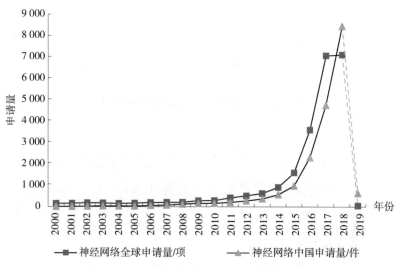

图4-2-12　神经网络全球和中国申请态势

表4-2-2　神经网络全球和中国申请量对比

年份	全球申请量/项	中国申请量/件	年份	全球申请量/项	中国申请量/件
2000	153	10	2010	293	161
2001	164	8	2011	417	208
2002	184	19	2012	511	272
2003	171	33	2013	623	369
2004	152	31	2014	910	561
2005	168	31	2015	1 594	974
2006	195	55	2016	3 580	2 301
2007	204	71	2017	7 066	4 752
2008	213	125	2018	7 102	8 442
2009	288	159	2019	42	629

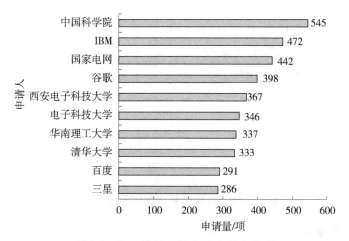

图4-2-13　神经网络全球申请人排名

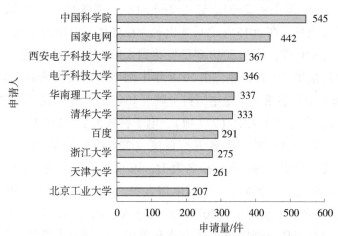

图4-2-14　神经网络中国申请人排名

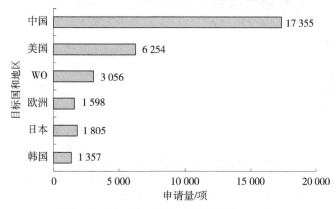

图4-2-15　神经网络全球目标市场占比

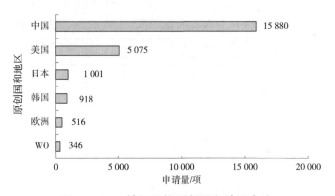

图4-2-16　神经网络原创国和地区占比

4.2.4.3　深度学习

　　如图4-2-17至图4-2-21、表4-2-3所示，在深度学习领域，全球和中国申请量爆发更晚，在2015年之后才出现大幅增加，但增加迅猛，2015年全球申请量才为950件，但在2018年已经达到5 910件，全球申请量超过7 000项，中国申请量超过4 000件，在2018年中国申请量几乎翻倍。全球排名前10位的申请人中排名第一的是中国科学院（404项），第二是西安电子科技大学（311项）、华南理工大学（277项）、电子科技大学（257项）分别排名第三、第四，IBM（211项）排名五、百度（224项）排名第六、清华大学（201项）、天津大学（197项）排名第七、第八，微软（181项）排名第九，中山大学（178项）排名第十。中国申请人中，浙江大学（275项）、天津大学（261项）、北京工业大学（207项）也进入了前十名。与其他领域一样，这些申请的目标国和原创国集中在中国和美国，中国均占首位，但中美差距拉开更大，中国约为美国的4倍。

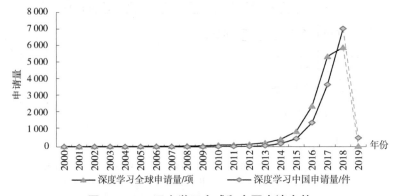

图4-2-17　深度学习全球和中国申请态势

表4-2-3　深度学习全球和中国申请量对比

年份	全球申请量/项	中国申请量/件	年份	全球申请量/项	中国申请量/件
2000	34	1	2010	98	7
2001	14	0	2011	110	18
2002	38	1	2012	149	17
2003	35	5	2013	227	56
2004	29	4	2014	438	182
2005	34	0	2015	910	475
2006	45	3	2016	2 420	1 418
2007	42	5	2017	5 368	3 688
2008	61	8	2018	5 910	7 025
2009	67	4	2019	34	520

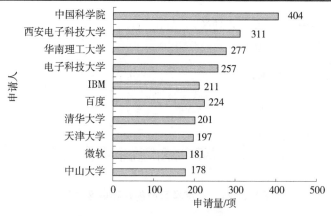

图4-2-18　深度学习全球申请人排名

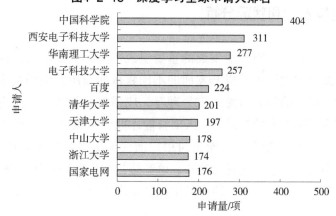

图4-2-19　深度学习中国申请人排名

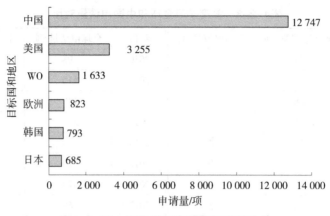

图4-2-20 深度学习全球目标市场占比

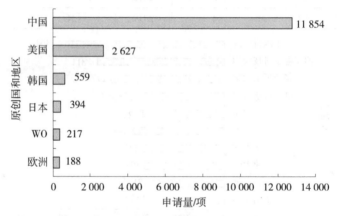

图4-2-21 深度学习原创国和地区占比

4.3 应用技术专利状况分析

应用技术是人工智能产业发展的重要组成部分，主要依托运算平台和数据资源进行海量识别训练，以开发面向不同领域的通用性应用技术，主要包括视觉感知、语音感知和自然语言处理等。应用技术是特定行业应用的技术基础，只有在应用技术的基础上，人工智能才能够掌握"看"与"听"的基础性信息输入与处理能力，才能面向用户演变出更多的应用型产品。例如，在智能医疗中会综合运用到视觉感知、语音感知和自然语言处理等应用技术，在自动驾驶汽车及无人机等智能产品中则主要涉及视觉感知技术。

4.3.1　应用技术全球和中国申请态势分析

如图 4-3-1 所示，从全球专利申请的总体态势来看，人工智能应用技术的起步较早，在 2010 年前呈现平稳增长的态势，2010 年至 2015 年增长速度有所增加，在 2016 年迎来了大幅度的增长。而中国在应用技术领域的专利申请起步较晚，在 2010 年前的总体申请量都很少，随后的几年申请规模逐年上升，2014 年的年度申请量已经占据全球总量的一半，在 2015 年之后的增长速度进一步加快，年度申请量在全球总量中的占比也快速上升到 3/4 以上。可见，最近几年我国在人工智能应用技术领域的专利申请非常活跃，已经成为该领域专利申请的主力军。

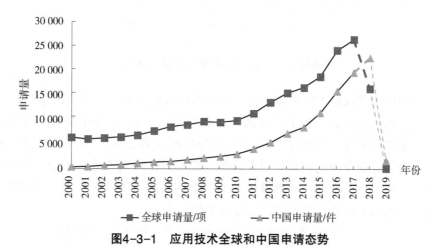

图4-3-1　应用技术全球和中国申请态势

4.3.2　应用技术全球和中国主要申请人分析

在应用技术领域，全球范围内专利申请量排名前二十位的申请人如图 4-3-2 所示。美国 IBM 公司在该领域的申请量达到 5 145 件，位居榜首，韩国三星紧随其后排名第二，而第三到第十位全部为日本的公司，总体上构成一个较大的规模。中国申请人在这份榜单上排名最高的是 OPPO，以 2 351 件的申请量排名第 11 位，同样进入榜单的还有中国科学院和百度。中国申请人的申请量总体上较少，在排名首位的 IBM 的一半以下。

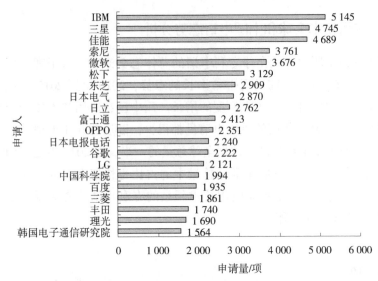

图4-3-2 应用技术全球主要申请人

应用技术领域在中国排名前二十位的申请人如图4-3-3所示。其中，只有三星、索尼、微软、松下四个国外来华申请人，在16位中国国内申请人中，有中国科学院、西安电子科技大学等高校或研究所，OPPO、小米、联想、华为等终端设备提供商，以及百度、腾讯等互联网企业，申请人类型较为多样。这一点呈现出与基础算法领域明显的不同，从侧面反映了我国的人工智能应用技术已经逐渐从实验室走向了产业化。

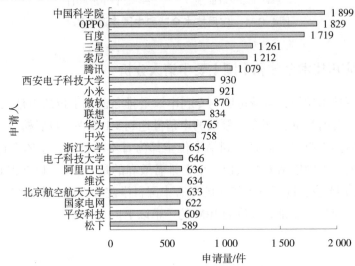

图4-3-3 应用技术中国主要申请人

4.3.3　应用技术全球布局区域分析

如图 4-3-4 和图 4-3-5 所示,在应用技术的目标市场中,中国和美国两个国家占据了全球总量一半,日本以 15% 的份额占据第三位。而在原创地区中,中国、美国和日本总共占比达到 3/4 以上,中国达到 39%。可见,我国在应用技术领域的专利申请是非常活跃的。

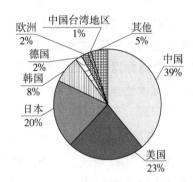

图4-3-4　应用技术目标市场占比　　**图4-3-5　应用技术原创地区占比**

4.3.4　应用技术全球和中国主要技术分支分析

如图 4-3-6 所示,人工智能应用技术主要包括视觉感知、语音感知和自然语言处理。在这三个技术分支上,视觉感知的总体申请量较大,在全球共有 212 949 件,语音感知和自然语言处理的申请量规模只有视觉感知的 1/5 左右,分别为 51 492 件和 41 777 件。中国在这三个技术分支上的专利申请量大体在全球总量的一半。

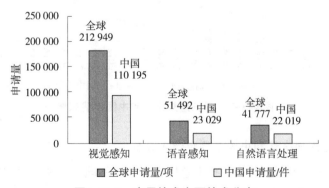

图4-3-6　应用技术主要技术分支

4.3.4.1 视觉感知

视觉感知，或者说机器视觉，可以看作研究如何使人工系统从图像或多维数据中"感知"的科学，是使用计算机（包括 PC 及嵌入式平台）和成像设备对生物视觉的一种模拟。它的主要任务就是通过对采集的图片或视频进行处理以获得相应场景的二维或者三维信息，从而使得计算机得以像人那样"看"到事物，理解事物，甚至根据其对事物的理解，做出一定的反应。视觉感知的最终研究目标就是使计算机能够像人那样通过视觉观察和理解世界，具有自主适应环境的能力，这是一个要经过长期的努力才能达到的目标。在实现最终目标以前，人们努力的中期目标是建立一种视觉系统，这个系统能依据视觉敏感和反馈的某种程度的智能完成一定的任务，如现如今广泛使用的人脸识别、车牌识别系统等。

1. 视觉感知全球和中国申请态势分析

如图 4-3-7 所示，在全球范围内，视觉感知的专利申请量保持平稳增长的态势，仅在 2016 年出现了一次较大的增长。而中国在视觉感知领域的专利申请增长率则在逐渐上涨，2014 年之后增长速度较快，在 2017 年已经成为该领域专利申请的绝对主力。

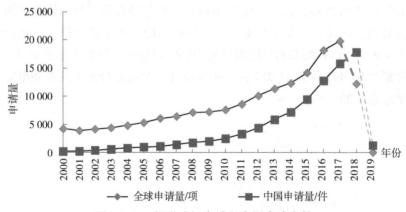

图4-3-7 视觉感知全球和中国申请态势

2. 视觉感知全球和中国主要申请人分析

如图 4-3-8 所示，与应用技术总体申请情况不同，在视觉感知领域全球申请人排名中，IBM 仅列第十位，日本的佳能、索尼、松下、东芝等老牌图像处理设备厂商占据了更靠前的位置。中国申请人中仅有 OPPO 进入了前十位。

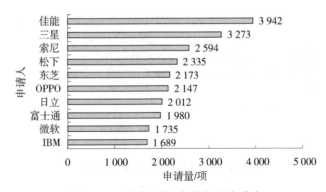

图4-3-8　视觉感知全球主要申请人

　　而在中国的申请人中，如图 4-3-9 所示，国内的终端设备商 OPPO、小米、维沃进入了前十位，OPPO 以 1 665 件排名第一，是小米申请量的两倍多，比总体排名第二位的中国科学院多出三百多件，可见，OPPO 公司在视觉感知领域进行了很大的技术投入和专利布局，其在视觉感知领域的专利申请主要集中在终端用户的身份认证、图像美化等。互联网公司腾讯和百度的申请量也进入了前十位，其专利申请则主要集中在图像信息抽取和信息推荐等。

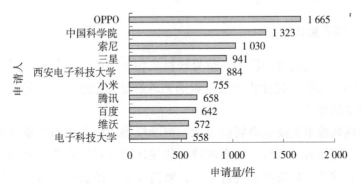

图4-3-9　视觉感知中国主要申请人

3. 视觉感知全球布局区域分析

　　如图 4-3-10 和图 4-3-11 所示，在视觉感知领域，中国和美国是两大主要目标市场。虽然在全球申请人排名中，仅有一个中国申请人能够挤进前十位，但是中国在总体上的技术原创量却占据一定的优势，这反映了我国在这一领域的申请人集中度较低，但规模较大，呈现出技术上升期的典型特点。

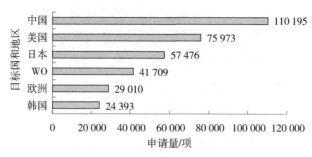

图4-3-10 视觉感知主要目标市场

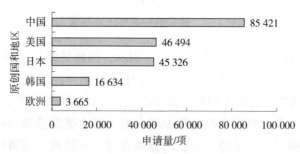

图4-3-11 视觉感知原创区域分布

4.3.4.2 语音感知

语音感知，就是将一段语音信号转换成相对应的文本信息，可以看作是"机器的听觉系统"，是让机器通过识别和理解过程把语音信号转变为相应的文本或命令的技术。

语音感知技术主要包含特征提取、声学模型，语言模型以及字典与解码四大部分，此外为了更有效地提取特征往往还需要对所采集到的声音信号进行滤波、分帧等音频数据预处理工作，将需要分析的音频信号从原始信号中合适地提取出来；特征提取工作将声音信号从时域转换到频域，为声学模型提供合适的特征向量；声学模型中再根据声学特性计算每一个特征向量在声学特征上的得分；而语言模型则根据语言学相关的理论，计算该声音信号对应可能词组序列的概率；最后根据已有的字典，对词组序列进行解码，得到最后可能的文本表示。

1. 语音感知全球和中国申请态势分析

如图4-3-12所示，在全球范围内，语音感知领域的专利申请趋势在2000—2019年并不平稳，在2010年和2014年前后发生了两次波动，2014年之后总体处于增长的态势。而中国在这一领域自 2011 年后保持快速增长，中国在 2017 年的申请量达到全球年度申请总量的 80%，带动了全球在这一领域的增长势头。

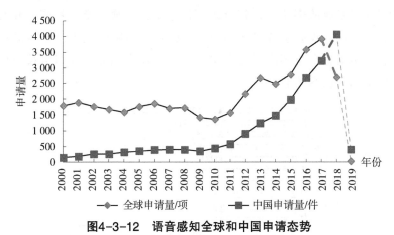

图4-3-12 语音感知全球和中国申请态势

2. 语音感知全球和中国主要申请人分析

如图 4-3-13 所示，在语音感知领域，IBM 领跑全球申请人，申请量为 1 393 件。除几家全球知名的龙头企业外，在这份榜单上还出现了几家专门从事语音业务的公司。美国的纽昂司（Nunace）公司是最大的专门从事语音识别软件、图像处理软件及输入法软件研发、销售的公司，目前世界上最先进的电脑语音识别软件 Naturally Speaking 就出自该公司。中国的申请人中只有百度挤进了全球前十位。

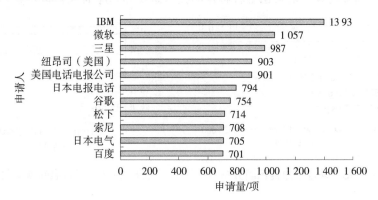

图4-3-13 语音感知全球主要申请人

如图4-3-14所示，在国内申请人中，百度在语音感知领域的申请量可以说是遥遥领先，进入前十位的国内企业还有联想、科大讯飞、腾讯、中兴、平安科技和华为。可见，语音识别在我国已经实现了一定规模的产业化。其中科大讯飞是专业从事智能语音及语言技术研究、软件及芯片产品开发、语音信息服务及电子政务系统集成的企业，已经成为中国最大的智能语音技术提供商，并被信息产业部确定为中文语音交互技术标准工作组组长单位，牵头制定中文语音技术标准。

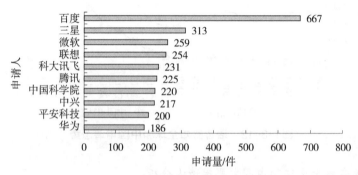

图4-3-14　语音感知中国主要申请人

3. 语音感知全球布局区域分析

如图4-3-15和图4-3-16所示，在语音感知领域，中国作为目标市场和技术原创区域的专利申请量均领跑全球，美国和日本分别为第二位、第三位。由于语音感知技术受到语种的限制，不具有大规模通用性，中国、美国、日本在这一领域均有针对自己语种特点的技术研发和相应的专利布局。

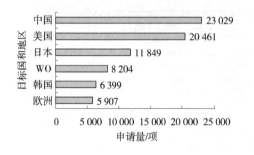

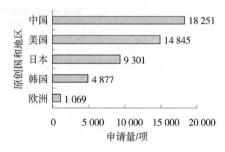

图4-3-15　语音感知目标国分布　　**图4-3-16　语音感知原创国分布**

4.3.4.3　自然语言处理

自然语言处理（Natural Language Processing，简称NLP）是人工智能领域

中的一个重要方向。它研究能实现人与计算机之间用自然语言进行有效通信的各种理论和方法，是一门融语言学、计算机科学、数学于一体的科学。自然语言处理体现了人工智能的最高任务与境界，也就是说，只有当计算机具备了处理自然语言的能力时，机器才算实现了真正的智能。

简单地说，自然语言处理就是用计算机来处理、理解以及运用人类语言（如中文、英文等）。从研究内容来看，自然语言处理包括语法分析、语义分析、篇章理解等。从应用角度来看，自然语言处理具有广泛的应用前景。特别是在信息时代，自然语言处理的应用包罗万象，如机器翻译、人机对话、信息检索、自动文摘、舆情分析和观点挖掘等。

1. 自然语言处理全球和中国申请态势分析

如图 4-3-17 所示，与语音感知领域的情况类似，尽管全球范围内的专利申请趋势并不稳定，我国在这一领域自 2011 年后始终保持快速增长的态势。中国的增长已经成为全球范围内自然语言处理领域专利申请增长的重要推动力。

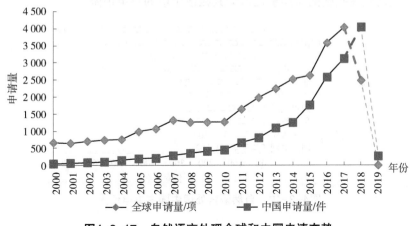

图4-3-17　自然语言处理全球和中国申请态势

2. 自然语言处理全球和中国主要申请人分析

如图 4-3-18 所示，在自然语言处理领域的申请人中，IBM 的专利申请量以绝对的优势，名列榜首，其申请量达到位列第二的微软的两倍以上，中国的百度排名第三。在排名前十的申请人中，美国企业有 IBM、微软和谷歌 3家，中国有百度和中国科学院入榜。日本电报电话公司在语音感知和自然语言处理领域均具有较高的申请量。韩国的申请人进入前十位的只有韩国电子通信研究院，三星并没有入榜。

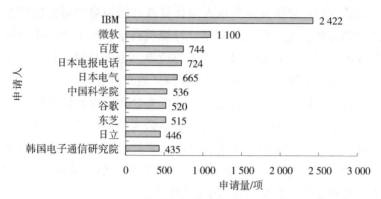

图4-3-18 自然语言处理全球主要申请人

如图 4-3-19 所示，国内在自然语言处理领域申请量最高的是百度，达到663 件，紧随其后的国内企业是腾讯和阿里巴巴。可见，这三家互联网巨头均在这一领域进行了较大的研发投入。国外来华的申请人中申请量最高的也是IBM，但是其在我国的布局量远低于其在该领域的总申请量。

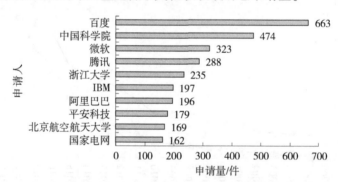

图4-3-19 自然语言处理中国主要申请人

3. 自然语言处理全球布局区域分析

如图 4-3-20 和图 4-3-21 所示，在自然语言处理领域，中国作为目标市场和技术原创区域的专利申请量均以较大的优势居于全球首位。日本在这一领域的申请量仅为中国的 1/3 左右。

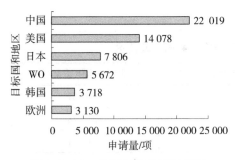

图4-3-20　自然语言处理目标国
和地区分布

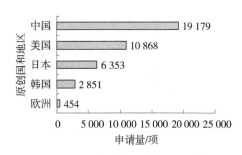

图4-3-21　自然语言处理原创国
和地区分布

4.4　重点对比分析

4.4.1　通用技术不同类型申请人布局重点分析

如图 4-4-1 所示，高校和研究所已成为国内通用技术领域最大的创新主体。对 CNABS 数据库中应用技术和基础算法两个技术分支上的申请人类型进行统计，可以发现我国高校和研究所在人工智能通用技术上的专利申请非常活跃，在两个分支上的申请量占比分别达到 60% 和 70% 左右，尤其是在应用技术（视觉感知、语音感知、自然语言处理）上，其申请量是企业申请量的 3 倍多。

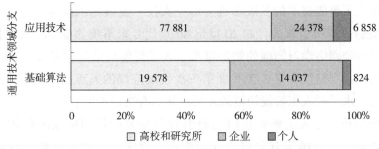

图4-4-1　国内不同类型申请人的技术布局

高校和研究所具有相对较强的科研能力，而企业则更有利于专利技术的实施和转化，因此双方的合作和共同研发可以发挥出各自的优势。表 4-4-1 列出了人工智能通用技术领域，我国高校和研究所与企业作为共同申请人的专利申请情况。相对其各自独立的申请量来说，高校和研究所与企业共同申请的数量明显较少。

表4-4-1 高校和研究所与企业共同申请情况

申请人	基础算法申请量/件	应用技术申请量/件
高校和研究所	19 578	77 881
企业	14 037	24 378
共同申请	1 195	1 621

这一情况在 2019 年 1 月 WIPO 发布的《2019 年人工智能技术趋势报告》中也得到了专门的对比分析。根据这份报告可知，在全球人工智能专利申请量排名前 500 的申请人中，有 167 所大学或科研机构，其中中国就有 110 家。

由此可见，高校和研究所在我国人工智能领域的专利申请中起到了举足轻重的作用。虽然我国在人工智能通用技术领域的专利申请总量很大，但是大多数技术仍然处于实验室阶段，而并未转化为实际的产业应用。而反观人工智能通用技术在全球排名前列的主要申请人，如美国的 IBM、微软、谷歌，日本的佳能、韩国的三星等，都是知名的大型企业，其专利申请通常都是直接服务于实际的产业应用。

4.4.2 通用技术全球和中国优劣势分支对比分析

4.4.2.1 基础算法

纵观人工智能技术的发展历程，每一次技术发展的浪潮都是由人工智能基础算法的改进所引领的，如 20 世纪 80 年代专家系统的推出和反向传播算法对多层神经网络学习问题的解决带来了人工智能的第二次发展，2006 年深度学习的提出则被认为是人工智能第三次发展浪潮的起点，因此，基础算法方面的技术水平对人工智能领域的发展前景具有决定性的意义。

迄今为止，在人工智能领域起到引领发展方向作用的系统结构和机器学习算法都是西方国家首先提出和运用的，我国一直以来都处于跟随和追赶的状态。国内业界也普遍存在我国的人工智能基础算法领域技术水平薄弱的印象。但是，通过对中国和美国在人工智能通用技术各个分支下的专利申请量和原创专利量的对比分析可以发现，中国和美国在应用技术上的申请量相差不多，在基础算法上中国的申请量还呈现出相当程度的数量优势（见图 4-4-2）。

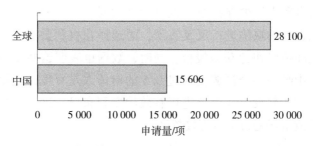

图4-4-2　基础算法领域中全球和中国专利申请量对比

进一步对中国和美国在基础算法领域的专利申请进行深入分析。首先是从主要申请人入手，对基础算法领域全球专利申请的申请人进行统计，发现申请量排名前 20 位的申请人几乎都被来自中国的申请人占据，达到 15 位，其中高校和研究院所多达 13 位（见图 4-4-3）。

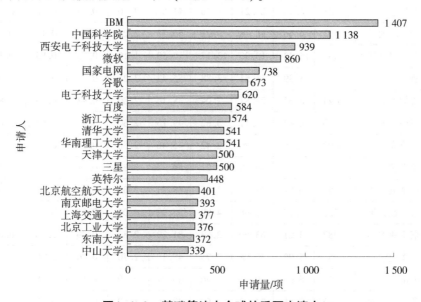

图4-4-3　基础算法中全球的重要申请人

对来自中国的申请人做进一步的分析得到表 4-4-2。该表列出了中国排名前 20 位的申请人专利申请的各项参数。从这些数据可以看出，国内在该领域的专利申请普遍存在权利要求项数少（专利度）、权利要求特征数多（特征度）的特点，也就是说，这些专利申请的权利要求普遍限定了较窄的保护范围，而且整个权利要求书的层次和结构较为简单，没有形成完备的、有效的权利范围。这与专利实质审查的审查实践情况是非常吻合的。高校和研究所申请人普遍对专利申请的保护范围没有较高的要求，为避免在实质审查中由于新颖性和创造性的缺陷进行反复答辩，而选择在权利要求书中限定较窄的保护范围，从而可以快速获得授权。同时，数据也表明这些专利申请普遍同族度较低，其中唯一一个同族度超过 0.5 的申请人是百度，也就是说，这些专利申请绝大多数并没有在海外进行有效的专利布局，这与高校和研究所并不存在对产品或市场的诉求有直接关系。

表4-4-2　基础算法领域中国申请人专利的质量指标

申请人	数量/件	专利度	特征度	授权专利度	授权特征度	生命期	同族度	同族国家数	被引用度
中国科学院	1 106	8.38	25.29	7.63	34.78	3.00	0.30	0.17	1.02
西安电子科技大学	658	5.54	46.71	4.57	50.93	2.11	0.32	0.16	1.23
国家电网	631	6.93	29.21	5.46	41.68	2.30	0.14	0.08	0.66
电子科技大学	503	4.66	38.78	4.27	50.78	2.20	0.18	0.10	0.68
百度在线网络技术	487	15.23	13.90	13.17	16.53	1.10	0.75	0.83	0.38
浙江大学	454	5.39	41.51	3.88	55.43	3.20	0.27	0.18	1.66
清华大学	424	8.53	28.81	7.04	38.16	2.80	0.41	0.33	0.88
华南理工大学	420	6.83	32.11	5.82	49.15	2.30	0.13	0.09	0.69
天津大学	402	3.16	39.20	3.42	45.46	2.50	0.11	0.05	0.81
北京航空航天大学	309	5.49	46.30	4.22	59.92	3.20	0.38	0.25	1.11
南京邮电大学	297	6.04	34.85	3.85	48.33	2.30	0.12	0.07	0.69
上海交通大学	287	7.50	26.98	4.99	35.99	4.00	0.27	0.19	1.72
北京工业大学	287	3.21	63.50	2.53	81.82	2.80	0.29	0.16	0.89
东南大学	281	5.93	36.08	3.75	49.10	2.70	0.20	0.10	0.80
中山大学	268	6.63	29.01	5.46	45.07	2.00	0.10	0.08	0.57
广东工业大学	262	7.86	24.97	7.69	32.46	1.60	0.05	0.02	0.15
浙江工业大学	262	3.99	51.19	3.02	64.12	2.10	0.15	0.06	0.44
中国平安保险	243	9.96	18.55	8.64	31.07	1.00	0.32	0.36	0.12
腾讯科技	241	14.45	15.35	13.23	19.84	2.10	0.77	0.75	0.49
河海大学	239	5.87	30.32	4.51	47.98	2.10	0.21	0.15	1.30

　　反观美国在该领域的专利申请，排名前列的申请人全部为公司申请人，与中国的名单形成鲜明的对比。这说明基础算法领域的技术发展在美国实

际上是由公司推动的，基础算法上的改进直接与产品和市场相呼应，能够快速地实现产业落地，并且这些专利申请在各项指标上普遍优于中国的专利申请（见表 4-4-3）。

表4-4-3　基础算法领域美国申请人专利的质量指标

申请人	数量/件	专利度	特征度	授权专利度	授权特征度	同族度	同族国家数	被引用度
IBM	1 373	17.21	5.06	17.26	20.88	4.8	0.90	2.97
微软	866	20.52	4.89	20.09	17.85	6.9	2.08	2.83
谷歌	601	20.76	6.99	20.53	17.27	3.1	2.73	3.16
英特尔	355	22.51	2.90	23.31	15.89	3.9	1.56	3.38
高通	234	31.74	3.52	34.23	12.53	4.1	4.64	2.74
脸书	187	19.85	2.98	19.90	17.50	2.7	1.01	3.10
奥多比	156	20.22	3.60	20.07	15.89	3.5	1.02	3.37
美国电话电报	139	18.92	6.40	18.83	14.40	8.6	1.17	3.12
通用电气	137	20.43	3.12	20.09	16.68	5.3	2.16	2.93
亚马逊科技	129	21.16	14.63	21.11	21.85	4.2	1.18	3.68
思科系统	121	20.38	4.48	19.91	15.48	3.8	1.31	3.48
威瑞森全球商务	121	19.81	5.21	20.10	15.55	6.1	1.22	2.96

表 4-4-4 列出了反映中国和美国在基础算法领域的专利质量各项指标的平均值。其中，美国专利申请的权利要求平均项数远大于中国申请的平均值，而权利要求特征数远小于中国申请的平均值。这说明美国的专利申请普遍保护了较大范围且层次清晰的技术方案。中国在这一领域的专利申请同族度平均只有 1.10，同族国家数平均为 0.56，而美国对应的指标分别为 8.82 和 2.24。这反映出美国相对我国在这一领域的海外专利布局要完备得多。中国专利申请的生命期也相对较短，被引用度不到美国平均值的 1/10。虽然这两个指标存在时间上的滞后性，与专利申请的年份直接相关，但是也具有一定的参考价值。上述指标反映出我国在基础算法领域专利申请的质量与美国相比仍有较大差距。

表4-4-4　中国与美国基础算法领域专利质量对比

国家	数量/件	权利要求数	技术特征数	授权权利要求数	授权技术特征数	生命期	同族度	同族国家数	被引用度
中国	30 387	8.65	29.00	7.33	47.37	2.70	1.10	0.56	0.67
美国	16 678	20.09	4.94	21.83	17.43	5.50	8.82	2.24	8.11

4.4.2.2　应用技术

从4.3节的专利分析数据来看，在人工智能应用技术领域，以我国为技术原创国的专利申请量已经占全球申请量的39%，尤其是2016年以来，专利申请量每年都是大幅增长。可见，国内相关企业对人工智能应用技术的研发和成果转化非常重视，在这一领域进行了大量的投入，总体呈现蓬勃发展的态势。

从人工智能基础算法和应用技术总体上看，虽然我国的专利申请大部分仍然集中在高校和研究机构，但是在某些技术分支上技术的产业化已经逐渐展开，并取得了很好的社会效益和经济效益，其中人脸识别技术具有比较突出的表现。

人脸识别技术进入规模应用期，国内人脸识别落地应用，领跑全球。在人工智能应用技术领域，人脸识别是非常具有代表性的一项应用技术。人脸识别是基于人的脸部特征信息进行身份识别的一种生物识别技术。用摄像机或摄像头采集含有人脸的图像或视频流，并自动在图像中检测和跟踪人脸，进而对检测到的人脸进行脸部识别的一系列相关技术，通常也叫作人像识别、面部识别。

2018年是我国人脸识别技术全面应用的重要节点，该技术标志着"刷脸"时代的正式到来。除了安防、金融这两大领域外，人脸识别技术还在交通、教育、医疗、警务、电子商务等诸多场景实现了广泛应用，且呈现出显著的应用价值。为了进一步把握人脸识别技术所带来的重大机遇，我国出台了一系列政策予以支撑。

2015年以来，我国相继出台了《关于银行业金融机构远程开立人民币账户的指导意见（征求意见稿）》《安全防范视频监控人脸识别系统技术要求》《信息安全技术网络人脸识别认证系统安全技术要求》等法律法规，为人脸识别技术的应用及在金融、安防、医疗等领域的普及奠定了重要基础。

2017 年，人工智能首次被写入国务院《政府工作报告》；同年 7 月，国务院发布了《新一代人工智能发展规划》；12 月，工信部出台了《促进新一代人工智能产业发展三年行动计划（2018—2020 年）》，其中对人脸识别有效检出率、正确识别率的提升做出了明确要求。作为人工智能主要的细分领域，人脸识别获得的国家政策支持显而易见。❶

如图 4-4-4 所示，在人脸识别领域，全球相关专利申请共有 24 604 项，其中以中国作为布局目标国的专利申请有 39%，排名第一。我国作为技术原创国的申请量达到 50%，共有 12 415 项。在人脸识别领域，中国作为专利目标国和原创国都是全球第一，而且原创申请量是排名第二（日本）的两倍多。

如图 4-4-5、图 4-4-6 所示，对人脸识别领域全球范围内的重要申请人进行统计，在排名前 20 位的专利申请人中，我国申请人有 8 位，其中 OPPO 位列第四位，小米位列第八位。虽然我国申请人的排名在前 20 位中整体比较靠后，但是对申请人的专利申请趋势进行考察后发现，排名前 20 位的申请人

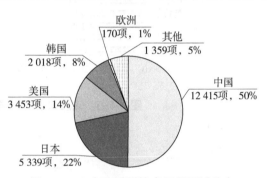

图4-4-4　人脸识别技术原创区域分布

中，国外申请人的 4 109 项申请在 2008 年前后达到申请量的顶峰，在近几年却有所下降，而我国申请人的 1 814 项申请大多数集中在 2015 年之后，且在近几年一直保持快速增长的势头。这是因为国外申请人的这些专利申请的发明内容主要集中在人脸检测和定位、面部区域增强等整个面部区域的识别，属于较为早期的人脸识别范畴。而近年的人脸识别技术已经侧重对人脸的个体特征进行提取，并通过比对和匹配达到可用于身份认证的人脸精细识别。可见，在新兴的人脸识别技术上，我国的专利申请量已经具备一定的优势。

❶ fadsf15. 人脸识别技术发展现状及未来趋势［EB/OL］.（2019-02-20）［2019-02-20］. https://blog.csdn.net/fadsf15/article/details/87777069.

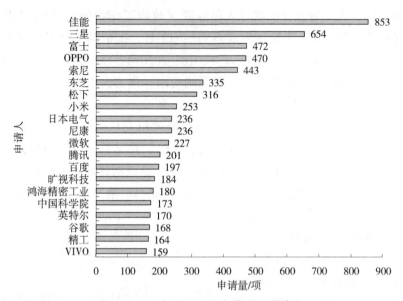

图4-4-5 人脸识别的全球重要申请人

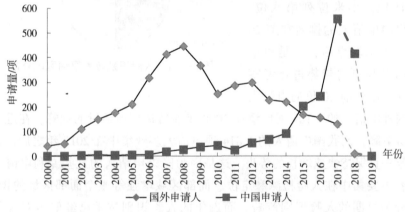

图4-4-6 人脸识别全球前20位申请人的申请趋势

在CNABS数据库中，涉及人脸识别的专利申请共计12 591件。在排名前15位的申请人中，国内公司占据了10位之多，其中包括知名的智能终端生产企业（OPPO、小米等），互联网业巨头（腾讯、百度），也包括新兴的科技独角兽企业（旷视科技、商汤科技）。由此可以看出，人脸识别技术在国内已经全面走向产业化，并成为业内专利布局和技术竞争的焦点（见图4-4-7）。

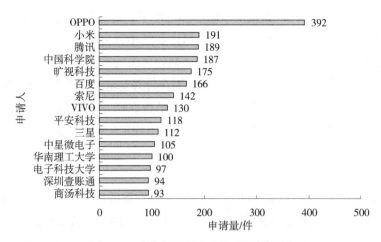

图4-4-7　人脸识别的中国重要申请人

　　一方面人脸识别的核心算法是与人工智能基础算法密切关联的。近年来，人脸识别的蓬勃发展在很大程度上得益于深度学习算法的提出，而人脸识别技术在应用中不断提出的需求也促进了业界对深度学习算法的深入研究和逐步改进。在涉及深度学习的 13 437 件中国发明专利申请中，有 3 553 件明确其应用场景为视觉感知，而其中有多达 1 000 件应用于人脸识别。

　　另一方面人脸识别算法的不断成熟和完善也带动了产业链下游行业应用的广泛投入和推进。国际权威市场洞察报告的《全球人脸识别设备市场研究报告》中称，中国 2017 年人脸识别产值占全世界市场份额的 29.29%，2023 年将达到 44.59%。在 2018 年度中国人工智能独角兽企业榜单中，以人脸识别作为主要技术方向的公司占据了七席中的四席，分别为旷视科技、商汤科技、依图科技和云从科技。

　　在上述国内专利申请量排名前 10 位的公司申请人中，对人脸识别技术的应用涉及多个行业，如 OPPO、小米等智能终端生产企业，主要将人脸识别应用于智能终端的身份认证、人像视频或图像处理、智能家居等；腾讯和百度涉及的领域更为广泛，比较有代表性的应用包括用户画像、智能推荐及无人驾驶；旷视和商汤则主要面向企业客户提供人脸验证解决方案，其用户主要涉及金融、安防、零售领域，其中包括支付宝、京东、银联及各大国有商业银行；旷视科技的 Face++ 云端视觉服务平台已经成为业内具有较强影响力的人脸识别开放平台，提供一整套人脸检测、人脸识别和面部分析的视觉技术服务。

　　从上述一系列数据和案例可以看出，我国的人脸识别技术在基础算法和海量数据的支撑下，在产业政策的激励和推动下，近年来呈现出蓬勃发展的态势。随着产业应用的不断深入，对识别精度和效率越来越高的要求，必将反过来推动人脸识别核心算法，甚至人工智能基础算法的不断改进，甚至有可能催生机器学习的新思路。但是，由于人脸识别在公共安全和个人隐私上的敏感性，对人脸识别技术及相关产品的开发和应用，亟待在产业标准和法律法规层面进行规范，以避免可能的滥用带来的安全隐患和不稳定的社会因素。

4.4.2.3 平台框架

如表4-4-5所示，谷歌公司的TensorFlow是业界最为常用的深度学习平台之一。从重要申请人高价值专利的内容来看，谷歌公司的高价值专利涉及人工智能的各个方面，包括通用机器学习、神经网络、深度学习的平台，也包括特定平台，如CNN平台的架构（如US9811775B2）、训练方式（如US9406017B2）等。2018年后，谷歌公司着眼于下一代平台的布局（如WO2019083553A1），可以说谷歌公司为平台设置了一个多层次的、严密的专利壁垒。

微软公司平台相关的专利布局也较早，如CN100468320C，公告日2009年3月11日，其不仅涉及了基于GPU搭建的平台中物理层的数据具体的处理流程，也涉及具体的机器学习的算法步骤，构建了一个完整的平台框架。微软和谷歌类似，对各个类型的神经网络、训练模型都进行了专利布局，但与谷歌不同的是，微软的一些专利还涉及了平台与硬件系统的交互，应该说微软公司对平台的专利布局更加全面，也体现了其在软硬件的数据处理上都具有较强实力。

脸书公司也拥有主流平台Caffe/Caffe2，但脸书公司与平台相关的专利都进行了一定程度的包装，如限定该算法、模型应用的领域，因此其专利申请布局到了中国、美国、日本等多个国家。在实际应用中，模型和算法都会结合具体的领域以获得商业价值，因此脸书公司的这种布局策略也可以最大化地保证其在全球的权益。

百度的飞桨（PaddlePaddle）于2013年开始研发，关于平台的专利布局也最早出现在2013年（CN103150596A）。百度和微软公司类似，不仅布局了基于GPU的平台数据处理流程（如CN106503791A），也布局了具体的神经网络算法（如CN109492759A）。2018年后，百度不仅涉及平台框架、数据处理流程等，神经网络模型、训练模型都有涉及。

商汤关于通用平台的专利在2018年后才开始布局，之前均布局在图像视频的识别模型上，也展现其从一个领域突破最终带动整个人工智能平台建设的发展历程。

表4-4-5　人工智能中典型的机器学习平台框架❶

序号	典型的平台	维护者	地域
1	TensorFlow	谷歌	美国
2	Caffe/Caffe2	脸书	美国
3	CNTK	微软	美国
4	Torch	罗南·克勒贝尔等人	美国
5	MXNet	亚马逊	美国
6	Theano	Theano 开发团队	加拿大
7	Keras	弗朗索瓦·查列特	美国
8	Scikit-learn	安德烈亚斯·米勒	美国
9	Mahout	阿帕奇	美国
10	Mllib	阿帕奇	美国
11	TensorLayer	帝国理工学院	英国
12	PyBrain	达勒·莫勒人工智能研究所 慕尼黑工业大学	瑞士、德国
13	PaddlePaddle	百度	中国
14	Angle	腾讯	中国
15	iFLYTEK	科大讯飞	中国
16	DTPAI	阿里	中国
17	senseParrots	商汤	中国

4.4.2.4　大数据

人工智能的核心在于机器学习，而机器学习的基础是平台框架和数据资源。现代机器学习算法通常需要经过大量数据集的训练和验证，才能真正投入实际应用，当前最具代表性的深度学习方法更是高度依赖海量训练数据的支撑。

与平台框架的情况不同，我国数据资源具备天然优势，但标准训练数据

---

❶　中国人工智能开源软件发展联盟. 中国人工智能开源软件发展白皮书（2018）［EB/OL］.（2018-07-12）［2019-06-10］. http://www.dodio.com/BigData/2018-07/12/content_ 5762735.htm.

集建设缺乏。根据 2019 年 2 月 28 日中国互联网络信息中心在北京发布的第 43 次《中国互联网络发展状况统计报告》，截至 2018 年 12 月，我国网民规模达 8.29 亿，手机网民数达 8.17 亿，其中即时通信用户 7.92 亿，网络支付用户 6 亿，网络视频用户 6.12 亿。这一庞大的用户群体向网络服务提供商提供了海量的带有用户标签的文本、图像和音视频数据。

然而在人工智能训练数据集的建设中，还有一些具体的问题需要加以注意并进行规范。以人脸识别数据集为例，虽然我国的人脸识别技术已经达到较高的水平，但是目前业内通用的人脸数据集绝大部分来自国外，如 LFW 数据集（美国马萨诸塞州立大学）、FDDB 数据集（美国马萨诸塞州立大学）、MS Celeb（美国微软）、Mage Face（美国华盛顿大学）、FERNT（美国国防部）、CMU-PIE（美国卡耐基梅隆大学）等。

这些数据集被广泛地应用于人脸识别算法的训练和性能测试，但是这些数据集中收集的人脸多数为西方人，在对有色人种的识别训练中存在较大的局限性。由于人脸识别数据的隐私敏感性，人脸数据集的采集和使用越来越受到社会各界的关注，在这样的压力下微软目前已经悄然删除其最大的公开人脸识别数据库——MS Celeb。根据人工智能论文中的引文资料统计，在微软删除该资料库前，已经有多个商业组织在使用 MS Celeb 数据库，IBM、松下电气、阿里巴巴、辉达、日立、旷视科技、商汤科技均有使用。

目前国内机构建立的开源人脸数据集还比较稀缺。百度虽然推出了自己的人工智能开放平台，并提供人脸识别 API，但是并未推出通用人脸数据集；旷视科技有专门的人脸识别开放平台 Face++，但也仅发布了物体检测数据集 Objects365，而同样并未发布人脸数据集。目前国内较为通用的开源人脸数据集仅有中国科学院计算所的 CAS-PEAL 数据库和香港中文大学汤晓鸥教授（商汤科技创始人）实验室的 CelebA 数据集，是专门用于亚洲人脸识别的数据集。

虽然国内人脸识别企业手握大量用户数据，但是由于这些数据大多涉及用户隐私，如何安全规范地使用这些数据成为业内亟待解决的问题。虽然目前这些数据仅供企业内部测试使用，用户隐私也面临着巨大的风险。2019 年 2 月，东方网旗下子公司深网视界发生大规模数据泄露事件，超过 250 万人的数据可被获取，680 万条记录泄露，其中包括身份证信息、人脸识别图像及捕捉地点等。相关机构一旦获取泄露数据，对其中一人的行踪便可轻松定位。

由此可见，虽然我国在数据资源上有突出的优势，为机器学习算法的训练和验证提供了坚实的基础，但是对于训练用数据集，国内亟待通用标准数据集的建设和规范。一方面需要有足够数据规模的满足国内企业进一步研发需求的标准数据集；另一方面应当对企业内部掌握的用户隐私数据加强监管，应在法律法规层面进行约束。

4.4.3 各分支主要申请人布局区域和布局重点分析

在人工智能通用技术领域的重要申请人中，我们分别选取了美国的 IBM、谷歌公司和中国的百度、商汤科技公司做进一步分析。分别对这 4 家公司在机器学习、神经网络、深度学习、视觉感知、语音感知和自然语言处理领域的全球和中国专利申请量进行统计和比较，可以发现，在全球范围内，美国的 IBM 公司在各个技术分支上都占有一定的技术优势。在基础算法方面，IBM 在机器学习这一技术分支上优势明显；在应用技术方面，IBM 在视觉感知、语音感知和自然语言处理三个技术分支上的专利布局都很充分，特别是在自然语言处理领域，申请量的优势非常突出。我国的百度公司虽然整体申请量尚有较大的差距，但也在各个技术分支积极进行专利布局，整体上已经可以与谷歌的申请量比肩，甚至在个别技术分支上超过了谷歌，如深度学习。商汤科技作为国内新兴的独角兽公司，在市场上表现抢眼的同时，也在积极进行专利布局，但尚处于起步阶段，整体申请量级较小。从其布局的技术分支来看，除了作为公司主流业务的视觉感知领域外，商汤科技还在基础算法的三个分支上均有专利布局。这说明商汤科技在基础算法上进行了较多的投入，这为其视觉感知业务的进一步发展奠定了良好的技术基础（见图4-4-8）。

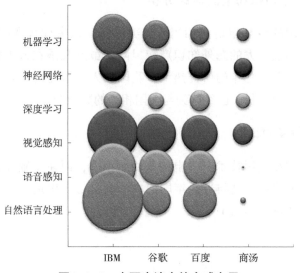

图4-4-8 主要申请人的全球布局

这几家公司在我国的布局情况如图4-4-9所示。百度在国内的申请布局基本与全球的情况相同，数量级也基本一致。而IBM虽然在全球范围内的申请总量很大，但是在中国的布局却较为谨慎，并没有大规模进入中国。而谷歌明显更为重视中国市场，在6个技术分支上均进行了一定规模的专利布局。

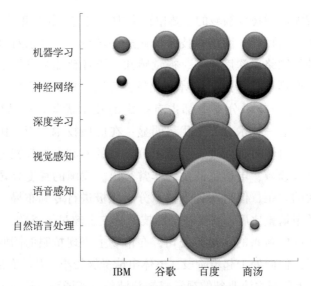

图4-4-9 主要申请人的中国布局

4.4.4 中美专利布局全面对比分析

中国与美国的专利申请量相当，但美国占有顶尖优势和海外布局优势，中国专利申请面临较大的海外知识产权风险。虽然我国在人工智能领域的起步较晚，但是随着近几年的研究热潮，我国在人工智能通用技术各个分支下的专利申请量迅速增长，已经达到与美国相当的数量级。

4.4.4.1 申请量对比

中国和美国在应用技术上的申请量相差不多，而在基础算法上中国的申请量呈现一定的优势，这与近几年国内在深度学习上申请量的大幅度增长有直接的关系（见图4-4-10）。

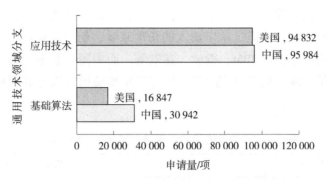

图4-4-10　中美通用技术领域专利申请量对比

4.4.4.2　申请态势对比

　　美国申请起步早，中国申请量 2015 年实现反超。从中国和美国在基础算法和应用技术两个技术分支上的申请量趋势来看，美国在人工智能通用技术领域的起步明显早于中国，尤其是在应用技术上，在 2010 年以前整体规模远超中国。而中国的申请量在近几年迅速发力、势头迅猛，两个分支均在 2015年实现反超。到 2017 年，中国基础算法申请量达到美国的两倍，应用技术的申请量更是达到 3 倍以上，虽然受到专利公开滞后的影响，但这一增长的势头仍然不减（见图 4-4-11）。

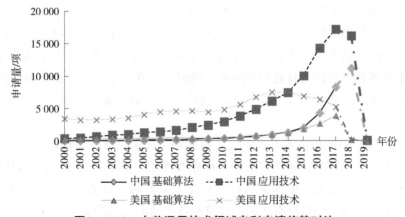

图4-4-11　中美通用技术领域专利申请趋势对比

4.4.4.3　申请人对比

　　美国主要申请人在专利申请量和全球排名上领先于中国主要申请人，中国主要申请人正在缩小差距。虽然中国和美国在人工智能通用技术领域专利申请的总体数量相当,但是从申请人的角度来看,仍然是美国的大型企业占据行业的龙头地位,如 IBM、微软、谷歌等。而中国企业中申请量最高的百度,其申请量仅能达到 IBM 的 1/3,但与近年来美国新兴互联网巨头谷歌大体持平(见表 4-4-6)。

表4-4-6 中美通用技术领域重要专利申请人对比

国家	申请人	通用技术申请量/件
美国	IBM	5 979
	微软	4 202
	谷歌	2 443
中国	中国科学院	2 283
	百度	2 152
	国家电网	1 753

4.4.4.4 PCT 数量对比

美国的技术输出能力远超中国。中国和美国在人工智能通用技术领域的实际技术水平差异还体现在 PCT 申请的数量上。

PCT 申请是基于《专利合作条约》和《专利合作条约实施细则》向世界知识产权组织提出的发明专利申请。PCT 申请在经过国际检索和国际初步审查之后,经申请人的请求,可以进入多达 144 个 PCT 成员国。由于其特殊性,PCT 申请通常可以认为具有较高的技术价值,或者为申请人的重点研发技术。提出 PCT 申请一般意在向多个成员国提出专利申请,是技术输出的技术指标之一。

从 PCT 申请的数量来看,在人工智能通用技术领域,美国的技术输出能力远超中国,无论是在基础算法还是应用技术上,其 PCT 申请数量都达到中国的 5 倍以上。可见,中国虽然近年来在人工智能领域的研究活跃,专利申请数量激增,但是仍然没有形成有规模的技术输出(见图 4-4-12)。

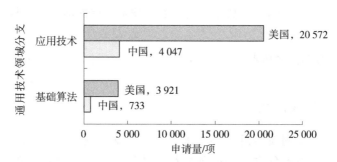

图4-4-12　中美通用技术领域 PCT 专利申请量对比

4.4.4.5　原创国对比

中国技术创新活跃，专利申请意愿已超过美国。对首次申请国为中国和美国的专利申请量进行对比，可以发现无论是在基础算法还是在应用技术上，原创国为中国的专利申请均已超过美国。这说明我国在人工智能通用技术领域的技术创新非常活跃。而同时，这一数据又与 PCT 申请的情况大为不同，虽然技术创新活跃，专利申请数量巨大，但是提出的 PCT 申请却相对很少。这从一个侧面反映了当前我国在人工智能领域的技术创新高度并不理想，尚没有占领稳定的技术高度，仍然处于技术发展的初期（见图 4-4-13）。

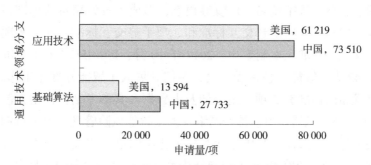

图4-4-13　中美通用技术领域专利原创量对比

4.4.4.6　总体情况

美国处于技术稳定期，中国处于技术创新密集的活跃上升期。由上述数据可知，中美申请量、原创量大致相同，但中国专利申请主要集中在近几年，中国 PCT 申请明显少于美国。这种技术创新活跃，专利申请数量巨大，但是提出的 PCT 申请却相对很少的情况，从一个侧面反映了当前我国在人工智能领域尚没有占领稳定的技术高度，仍然处于技术发展的活跃上升期。

4.5　标准与新兴方向

4.5.1　人工智能标准

　　人工智能的应用技术近几年在国内发展迅猛，视觉感知、语音感知和自然语言处理3个技术分支上的原创专利申请量均已在世界占据首位，并分别达到全球专利申请总量的40.07%、35.44%和45.91%。而其中的人脸识别等方向的技术已经达到国际先进水平，专利数量也有了非常充足的储备。以我国为技术原创国的申请量已达到全球申请总量的50%，中国2017年人脸识别产值占全世界市场份额的29.29%。对于这些人工智能应用技术中领先的技术分支，应当尽快参与国内或国际标准的相关工作，并做好与标准对应的专利布局，提高优势技术向全球输出的能力（见表4-5-1）。

　　在国际标准方面，国际标准化组织和国际电工委员会第一联合技术委员会（ISO/IEC JTC 1）、国际电信联盟（ITU）、电气和电子工程师协会（IEEE）近几年来致力于开展人工智能相关标准化工作。在应用技术领域，ISO/IEC JTC 1已发布涉及生物特征识别的标准多达121项，涵盖了指纹、人脸、虹膜、静脉、数字签名、声纹等模态，形成了较为完备的标准体系；在交互方面，发布了4项语音交互标准和3项手势交互标准，并有多项涉及手势及情感交互的标准正在制定中。2017年10月，ISO/IEC JTC 1批准成立了JTC 1/SC 42人工智能分技术委员会，专门开展人工智能标准化工作。目前，该组织已发布的标准有3项，主要涉及大数据及其参考结构，正在制定的标准有12项，涉及机器学习、神经网络及人工智能风险管理、治理机制、伦理和社会关注等各个层面。我国企业和标准化组织已经积极参与人工智能国际标准的制定，JTC 1/SC 42人工智能分技术委员会第一次全会就是由我国国家标准化管理委员会主办并在京举行的，腾讯、华为、中国科学院、商汤科技、科大讯飞均作为中国代表团成员参与此次会议。

　　国内在近几年来也对人工智能领域的标准制定工作给予了高度的重视，多项国家标准和行业标准逐步出台。国家标准化管理委员会在2017—2018年集中发布了10项涉及生物特征识别（包括人脸识别、指纹识别等）的国家标准和4项涉及中文语音识别和合成的国家标准，主要包括GB/T 35678—2017《人脸识别应用图像技术要求》、GB/T 36460—2018《信息技术 生物特征识别多模态及其他多生物特征融合》、GB/T 37036.1—2018《信息技术 移动设备 生物特征识别 第 1 部分：通用要求》、GB/T 37076—2018《信息安全技术 指纹识别系统技术要求》、GB/T 35312—2017《中文语音识别终端服务接口规范》等。有多个相关领域的重要专利申请人参与这些标准的起草和制定，如旷视科技、商汤科技、中国科学院自动化研究所参与了涉及人脸识别的多项国家标准和行业标准的制定，科大讯飞、中国科学院声学所参与了涉及语音识别和合成的多项国家标准的制定。相比于前述国际标准，我国在人工智能领域的标准制定方面还有很多缺口，需要国家及行业标准化组织及时开展和推进。国内企业也应当积极参与国内或国际标准相关工作，并做好与标准对应的专利布局。

表4-5-1　中美 PCT 申请占比对比

国家	视觉感知		语音感知		自然语言处理	
	申请占比	PCT 占比	申请占比	PCT 占比	申请占比	PCT 占比
中国	40.07%	10.53%	35.44%	13.60%	45.91%	14.83%
美国	21.83%	45.17%	28.83%	46.45%	26.01%	42.08%

从前文的多个数据来看，我国的专利申请主体对海外的专利布局意识普遍较为缺乏，以中美在应用技术领域的 PCT 申请情况为例，虽然我国在视觉感知、语音感知和自然语言处理 3 个技术分支上的申请占比均远超美国，但在 PCT 申请的占比上却远远落后于美国。

国内企业应当加强专利海外布局的意识，将专利布局纳入产品和技术的发展规划，在国际竞争中利用专利武器真正保护好我国在应用技术上占据的技术优势。

4.5.2　新兴技术方向

4.5.2.1　基础算法的发展方向是新兴学习算法

1. DQL

深度强化学习（Deep Q Learning）将深度学习的感知能力和强化学习的决策能力相结合，可以直接根据输入的图像进行控制，是一种更接近人类思维方式的人工智能方法。DQL 有一个记忆库用于学习之前的经历。Q learning 是一种 off-policy 离线学习法，能学习当前经历着的，也能学习过去经历过的，甚至是学习别人的经历，所以每次 DQL 更新的时候，都可以随机抽取一些之前的经历进行学习。随机抽取这种做法打乱了经历之间的相关性，也使得神经网络更新更有效率。

2. DBN

深度置信网络（Deep Belief Networks）本质上是一种具有生成能力的图形表示网络，即它生成当前示例的所有可能值。

3. GAN

对抗神经网络（Generative Adversarial Networks，2014 年提出），即生成对抗网络，是一个生成模型，也是半监督和无监督学习模型，，可以在不需要大量标注数据的情况下学习深度表征。其最大的特点就是提出了一种让两个深度网络对抗训练的方法。GAN 不太需要很多标注数据，甚至可以不需要标签也可以做到很多事情。目前关于它的应用包括图像合成、图像编辑、风格迁移、图像超分辨率及图像转换等。

4. SNN

脉冲神经网络（Spiking Neural Network，1997 年提出）属于第三代神经网络模型，与目前流行的神经网络和机器学习方法相比，神经元和突触状态之外，还将时间概念纳入其操作，因此实现了更高级的生物神经模拟。SNN 使用脉冲——这是一种发生在时间点上的离散事件——而非常见的连续值。每个峰值由代表生物过程的微分方程表示出来，其中最重要的是神经元的膜电位。在本质上，一旦神经元达到了某一电位，脉冲就会出现，随后达到电位的神经元会被重置。对此，最常见的模型是 Integrate-And-Fire（IAF）模型。SNN 用最拟合生物神经元机制的模型来进行计算。此外，SNN 通常是稀疏连接的，并会利用特殊的网络拓扑。虽然 SNN 尚处于理论研究阶段，还没有很成熟的商业应用，但是其类脑计算的特点已经展现出高效的仿生能力和强大的计算性能。

4.5.2.2 应用技术的发展方向是跨媒体智能

人工智能已经实现了对单一形式的媒体数据进行推理分析的方法，如图像识别、语音识别、文本识别等。这些技术是人工智能的基础学科，并且近年来在深度学习兴盛和大数据知识驱动的背景下发展循序、成果斐然，成功应用于无人驾驶、智能搜索等垂直行业。但是，单一的媒体数据进行推理分析目前还无法做到智能和理解，如虽然目前一些图像识别的项目的准确率已经接近人类，但人工智能依然会被随机图像愚弄而得到完全错误的答案。这说明单一媒体信息的推理还存在缺陷。

与此同时，随着智能终端的大量普及，交互式社交网络飞速发展，短文本社交网络、照片与视频分享网站的兴起和普及使得多媒体数据呈现爆炸式增长，并以网络为载体在用户之间实时、动态传播，数据之间具有极大的关联性，文本、图像、语音、视频等信息突破了各自属性的局限，不同平台的不同类型的信息紧密地混合在一起，形成了一种新的知识，也就是跨媒体的媒体表现形式。跨媒体信息具有能够表现出综合性的知识，未来人工智能逐步向人类智能靠近，通过利用跨媒体知识能够模仿人类综合地利用视觉、语言、听觉等多种感知信息，实现对人类信息的识别、理解，并进一步做到类似人类的推理、设计、创作、预测等功能。

跨媒体智能是新一代人工智能的重要组成部分，其综合利用视觉、语言、听觉等各种感知通道所记忆的信息，通过视听感知、机器学习和语言计算等理论和方法，构建出实体世界的统一语义表达，再对各种类型的数据进行分析、推理获取知识进而转换为智能，从而成为各类信息系统实现智能化的"使能器"。

通过跨媒体计算，人工智能可以打破单一数据的局限性，随时多维度感知周围世界的几乎所有信息，实现跨媒体语义贯通，为人工智能的智能行为奠定基础。其体现在所处理的数据信息不再是单一的媒体类型，而是多种媒体数据在统一语义下的协同处理，其要求跨媒体信息的统一表征和关联理解，以基于整合信息进行学习、推理和行动来最终满足智能化需求。

在新一代人工智能发展规划中，跨媒体智能关键技术层面的研究主要围绕跨媒体分析推理展开，即通过视、听、语言等感知来分析挖掘跨媒体知识以补充和拓展传统的基于文本的知识体系，建立跨媒体知识图谱，构建跨媒体知识表征、分析、挖掘、推理、演化和利用的分析推理系统，形成跨媒体综合推理技术，为跨媒体公共技术和服务平台的建设提供技术支撑，并在网络空间内容安全与态势分析、跨模态医疗数据综合推理等领域进行示范应用。

第5章 智能应用专利状况分析

随着人工智能技术的高速发展，人工智能行业已经进入产业化阶段，应用场景越来越丰富，已经渗透到各行各业和各个领域。本章立足民生、国家安全、国际竞争等国家发展大局，根据国务院印发的《新一代人工智能发展规划》、工信部印发的《促进新一代人工智能产业发展三年行动计划 2018—2020 年》，并且结合行业内对智能应用热点行业的广泛共识及行业应用的解决方案可专利性的角度，选取了智能机器人、智能终端、智能驾驶、智能安防、智能家居、智能医疗和智能电网等七大应用行业进行专利分析。

5.1 智能应用整体专利状况分析

5.1.1 全球和中国专利状况分析

5.1.1.1 全球和中国申请态势分析

表 5-1-1 和表 5-1-2 给出了人工智能七大应用行业在 2000—2019 年每年全球专利申请公开量，2000 年全球申请量是 20 078 项，2006 年申请量破 3 万项，达到 34 043 项，2017 年申请量达到峰值，达到 10 万多项。如图 5-1-1 所示，中国申请公开量趋势与全球趋势基本相同，2000—2014 年增长平稳，2014 年以后快速增长，全球和中国的申请公开量分别于 2017 年和 2018 年达到颠覆。从 2000 年开始，截止到检索日期，全球七大应用行业的申请公开量已经突破 90 万项。

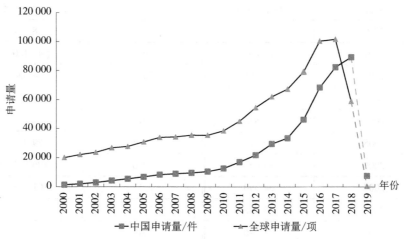

图5-1-1　智能应用全球和中国申请态势

表5-1-1　中国 2000—2019 年申请公开量

年份	申请量/件	年份	申请量/件
2000	1 443	2010	12 730
2001	2 041	2011	17 039
2002	2 992	2012	21 899
2003	4 329	2013	29 532
2004	5 574	2014	33 538
2005	6 865	2015	46 338
2006	8 386	2016	68 503
2007	9 026	2017	82 473
2008	9 698	2018	89 360
2009	10 556	2019	7 745

表5-1-2　全球2000—2019年申请公开量

年份	申请量/项	年份	申请量/项
2000	20 078	2010	38 541
2001	22 205	2011	45 180
2002	23 766	2012	54 664
2003	26 894	2013	62 119
2004	27 823	2014	67 309
2005	30 917	2015	79 230
2006	34 043	2016	100 501
2007	34 390	2017	101 773
2008	35 588	2018	59 072
2009	35 546	2019	494

5.1.1.2　全球和中国主要申请人分析

如图5-1-2所示，排名前20位的全球申请人中，日本申请人占7席，占比最多；中国申请人仅占2席，分别为国家电网和华为。

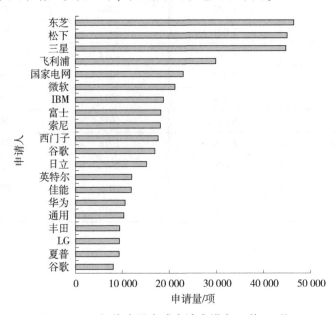

图5-1-2　智能应用全球申请人排名（前20位）

如图5-1-3所示，排名前20位的在华申请人中，中国申请人占13席，其次是日本。而中国这 13 席中有 7 席是高校和科研院所，其中中国科学院的表现最为抢眼，申请量达到 5 980 项。

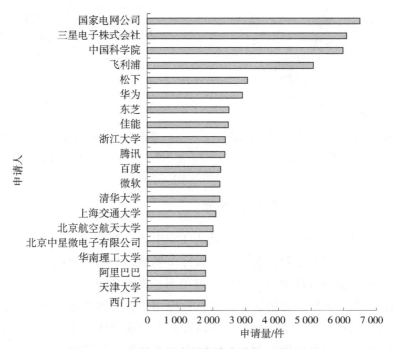

图5-1-3　智能应用中国申请人排名（前20位）

5.1.1.3　全球和中国原创国和地区分析

2000—2019 年，全球智能应用七大行业专利申请达到 93.14 万项。其中，图 5-1-4 展示了全球智能应用行业专利申请的首次申请分布。可以明显看出，从专利申请的数量来看，全球智能应用行业专利申请国（组织）之间存在明显的数量差距，排名前三位的是中国、美国和日本，中国排名第一，占比约为 38%。

图 5-1-5 展示了智能应用行业来华专利申请的首次申请分布。可以明显看出，从专利申请的数量来看，智能应用行业来华专利申请中，大部分专利申请均为中国申请，占比约为 78%，其次为美国和日本。

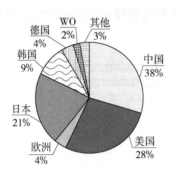

图5-1-4 智能应用全球原创国和地区占比

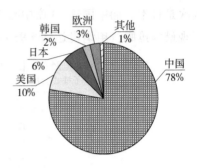

图5-1-5 智能应用中国原创国和地区占比

5.1.1.4 全球和中国目标市场国分布

无论是从全球申请数据来看还是从在华申请数据来看，中国、美国、日本、韩国、欧洲都是全球排名前五的目标市场国。中国在智能机器人、智能终端、智能驾驶和智能电网方面均超过美国，成为全球第一大目标市场。在智能安防、智能家居、智能医疗3大行业应用中，中国紧随美国之后，位列全球目标市场国的第二位。可见，中国在人工智能领域的技术发展与市场应用方面已经进入国际前沿行列，呈现出中美"双雄"的格局。在一些特定应用领域，如智能机器人、消费级无人机等领域，中国的市场应用也已经达到国际领先。中国正在成为人工智能研究的核心力量，在将人工智能应用于推动产业发展的各个技术领域方面，已经奠定了坚实的基础。具体分析数据参见5.2~5.8节，在此不赘述。

5.1.1.5 全球和中国主要技术分支分析

如图5-1-6和图5-1-7所示，我国企业更看重智能机器人、智能驾驶和智能家居产品等人工智能终端产品的应用市场，而从国外企业在中国的专利布局来看，来华专利申请的行业分布更加均匀，对智能安防和智能医疗等与社会民生和安全更加紧密相关的领域更为关注，并且注重人工智能在各类垂直行业的应用。

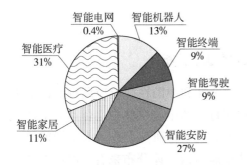

图5-1-6　智能应用国外在华
申请主要应用行业分布

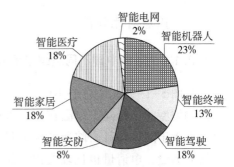

图5-1-7　智能应用中国申请人
主要应用行业分布

5.1.1.6　全球和中国主要申请人布局重点、专利法律状态及专利寿命分析

图 5-1-8 展示出智能应用领域全球主要申请人在七大主要应用行业的布局重点。可以看出，全球主要申请人的布局重点各有侧重，三星、松下、国家电网分别在智能家居、智能安防、智能电网行业的专利申请量占据首位，且优势明显；智能医疗行业，东芝和飞利浦分别位列第一位和第二位。

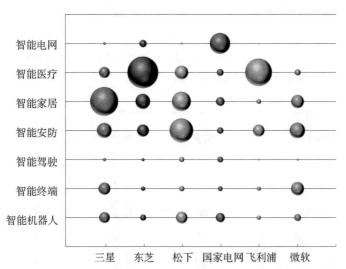

图5-1-8　智能应用全球主要申请人布局重点

5.1.2　重点对比分析

5.1.2.1　全球和中国不同类型申请人布局重点分析

从图5-1-9和图5-1-10可以看出，全球和中国在智能应用行业的申请主体的类型并不相同。中国在该七大应用行业的申请主体中，企业的申请量总体上大于高校和科研院所的申请量，但高校、科研院所作为人工智能的主要研究力量，申请量也比较突出。而从全球申请主体分布来看，申请主体主要集中于企业，除了智能安防行业，科研机构的申请量略微明显外，其他6个主要应用行业，科研机构的专利产出并不突出。

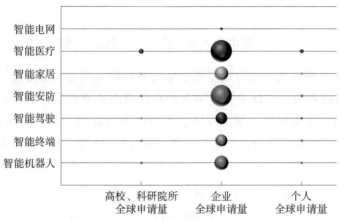

图5-1-9　智能应用全球不同类型申请人布局重点

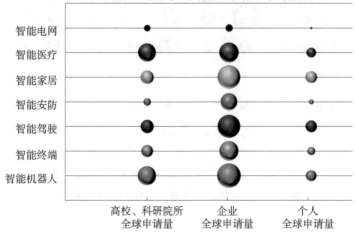

图5-1-10　智能应用中国不同类型申请人布局重点

5.1.2.2 全球和中国优劣势分支对比分析

图 5-1-11 展示出智能应用七大主要行业在全球和中国的专利分布情况。可以看出：

（1）智能应用的全球专利申请中，智能医疗行业的专利申请最多，且优势较为明显，智能机器人和智能安防分别位列第二位和第三位，智能电网行业的专利申请量最少。

（2）智能应用的在华专利申请中，智能机器人和智能医疗行业的专利申请最多，且占比相当，其次是智能家居行业，智能电网行业的专利申请量最少。

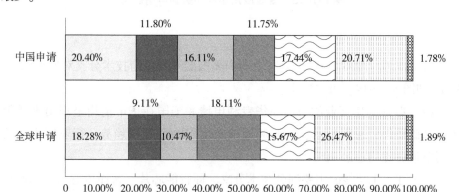

图5-1-11 智能应用全球和中国各行业申请量对比

5.1.2.3 中美专利布局对比分析

1. 申请态势对比

智能应用行业自 2000 年以来中国和美国的专利申请态势见图 5-1-12。可以看出：

（1）中国和美国在自动驾驶汽车行业的专利申请量总体均呈现增长趋势。

（2）2014 年以前，中国申请量小于美国申请量；自 2015 年起，中国申请量超过美国申请量，并快速增长，2017 年的中国申请量已远超美国。

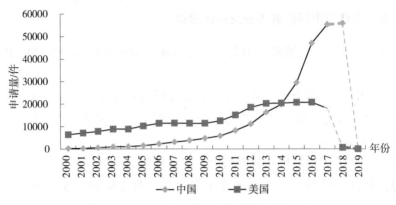

图5-1-12 智能应用中国和美国申请态势

2. 技术分支对比

智能应用行业自2000年以来中国和美国的专利申请技术分支对比见图5-1-13和图5-1-14。可以看出：

（1）智能应用行业的中国在华专利申请和美国在华申请均呈现出申请量按照基础硬件、通用技术、行业应用依次增多的金字塔趋势，行业应用相关专利申请占比均超过70%。

（2）在人工智能的主要细分技术分支，即智能芯片、智能传感器、基础算法、人脸识别、视觉感知、语音感知、自然语言处理和行业应用，中国在华申请和美国在华申请的申请量排名前三的均为行业应用、人脸识别和视觉感知。

（3）美国在华申请相比中国在华申请，基础硬件部分占比更多，尤其是智能芯片技术，申请量占比明显超过中国；中国申请人在基础算法、人脸识别和视觉感知技术领域的专利申请量占比优于美国。

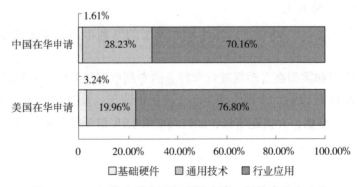

图5-1-13 智能应用中国和美国申请一级技术分支占比

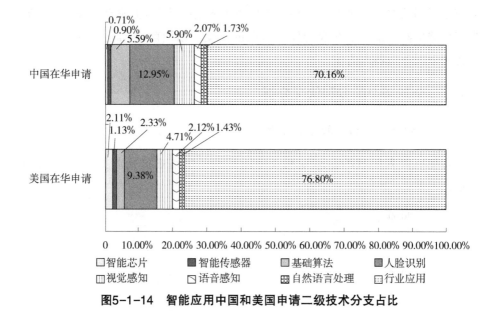

图5-1-14　智能应用中国和美国申请二级技术分支占比

5.2　智能机器人行业整体专利状况分析

人类的生活正朝智能化的方向不断发展，机器的智能化给人们的生活带来了极大的便利，机器人也不可避免地向着智能化方向发展。而随着人工智能技术的发展，其赋予机器人不同程度的类人智能，实现对人类生产生活方方面面的协助；依赖人机互动方式的改善、数据获取与处理能力提升这两项技术的突破，智能机器人朝着越来越智能的方向发展。

智能机器人的发展主要经历了 3 个阶段：第一阶段为可编程试教、再现型机器人，第二阶段为有感知能力和自适应能力的机器人，第三阶段则为智能机器人。其中，工业机器人所涉及的关键技术包括控制器技术、电机及其驱动技术、减速器及机器人本体；服务机器人所涉及的关键技术包括环境感知、自主移动、人机交互，以及相关的控制系统和硬件结构等。

智能机器人依托人工智能和机器人学的发展，随着人工智能发展日新月异，服务机器人也开始走进普通家庭的生活。根据 2017 年波士顿咨询公司（BCG）的估计❶，2025 年机器人市场规模已经被上调至 870 亿美元，其中商

---

❶　清华大学计算机系—中国工程科技知识中心，知识智能联合研究中心（K&I）. 智能机器人研究报告［R］. 2018.

业市场增幅从 17% 调整至 22.8%，消费市场的增幅从 9% 上调至 23%，预示着当前全球机器人市场正在经历发展方向的转变，由当前以工业机器人为主逐渐转向以服务机器人为主。

5.2.1 全球和中国专利状况分析

5.2.1.1 全球和中国申请态势分析

智能机器人领域的全球专利及中国专利的申请量增长趋势如图 5-2-1 所示。

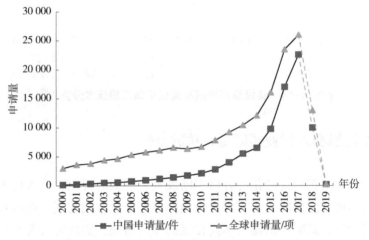

图5-2-1 智能机器人的全球和中国申请态势

从智能机器人的中国专利申请量可以看出，2006 年之前中国专利申请量一直在 1 000 项以内，仅占全球申请量的 1/6，之后相对于前期的起步阶段有了一个较大的增长，2006—2014 年申请量紧跟全球趋势，持续以较高的增长率增长，处于快速发展阶段，2014 年至今更是出现跳变式的增长，增长速度超过全球专利申请的增长速度，与全球专利申请量的差距越来越小，超过全球申请量的 50%。这表明，不仅全球重视专利在中国的布局，国内也开始认识到智能机器人领域的重要性，加大了市场和研发投入，并加紧了专利布局。

5.2.1.2 全球和中国布局区域分析

对全球专利申请的原创国家和地区进行统计的结果如下图 5-2-2 所示。

图 5-2-2 显示出了在智能机器人领域，中国作为技术原创国的申请量占

据了第一位，占比达到 37%，其次是日本、美国、韩国和欧洲，占比分别为
23%、16%、10% 和 8%。其中，需要说明的是，在欧洲国家中，德国的技术
原创申请量最高，占到了整个欧洲地区的一半以上，属于欧洲地区的原创先
锋国家。

　　而通过对进入中国的专利申请进行原创国的统计，除中国的申请外，在
国外已经进行了专利申请且进入中国进行专利布局的原创国家或地区如图 5-
2-3 所示，能够看出美国和日本并列第一位，占比均为 35%，是积极在中国
进行智能机器人布局的国家，其次是欧洲和韩国。

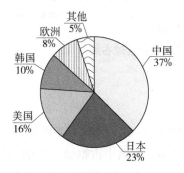

图5-2-2　智能机器人的全球
技术原创国和地区占比

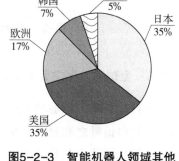

图5-2-3　智能机器人领域其他
原创国家在中国的申请占比

　　图 5-2-4 显示出了在智能机器人的应用上，专利布局的目标国中，中国位列第一，占全球总量的 38%，其次是日本、美国、韩国，分别占全球总量的 19%、15% 和 9%；还有 6% 的申请人将国际申请作为全球专利布局的策略。

　　图 5-2-5 是在智能机器人领域中，各技术原创国在其他国家

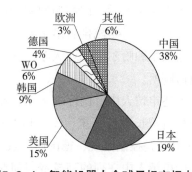

图5-2-4　智能机器人全球目标市场占比

的布局，从图中可以明显看出中国作为技术原创国，向其他国家/地区进行布
局的申请量非常少，相较于日本、美国和欧洲，都有很大的差距。

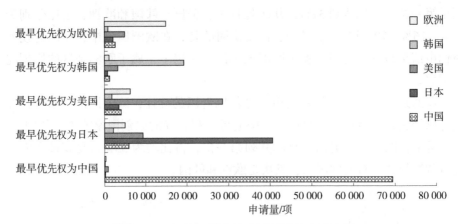

图5-2-5　智能机器人技术原创国的全球布局

5.2.1.3　全球和中国主要申请人分析

对于智能机器人领域的全球专利申请，图5-2-6显示出了排名前30位的申请人，其申请量之和超过了全球申请量的1/6。排名中占据第一位的是韩国的三星；第二到第七位均为日本企业，分别为丰田、发那科、安川电机、爱普生、索尼、松下；第八位则是美国的IBM。在前30位的申请人中，日本有14家入榜，均为企业。

中国有4所大学、1家科研单位和1家企业上榜，其中国家电网公司排名第十三位，中国科学院排名第十五位，4所大学分别是清华大学、浙江大学、上海交通大学和哈尔滨工业大学。这表明中国的研发主体力量主要集中在高校和科研院所。

在上述申请人中，国际四大工业机器人企业注重专利布局，均在列。日本的发那科擅长数控系统，安川电机的核心领域是伺服系统和运动控制器，瑞士的ABB是控制系统，德国库卡致力于控制系统和机器人本体。

中国申请人中在列的高校或科研院所均有相应的涉及智能机器人的科研团队院所或实验室，如浙江大学有智能系统与控制研究所、北京航空航天大学有机器人研究所、中国科学院自动化所有机器人中心等，致力于智能机器人相关技术的研发。除了上述高校或科研院所，国家电网公司的主要研究对象是变电站巡检机器人，而且诸如变电站智能巡检机器人的机器人方面的专利所涉的硬件、控制系统和自主移动等技术可以应用于家用智能服务机器人领域。

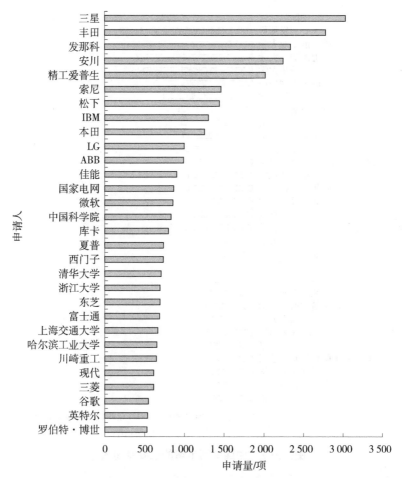

图5-2-6　全球专利申请的主要申请人

　　关于智能机器人领域的中国专利申请，图 5-2-7 显示了排名前 30 位的申请人，其中有 21 家高校或科研院所入围。除了各大学和科研院所外，中国企业中的国家电网公司排名第六位，珠海格力电器和百度公司分别位列第十二和第十六位，沈阳新松和北京光年无限分别排在二十五和二十七位。这表明中国在智能机器人领域的研发主力集中于高校和科研院所。

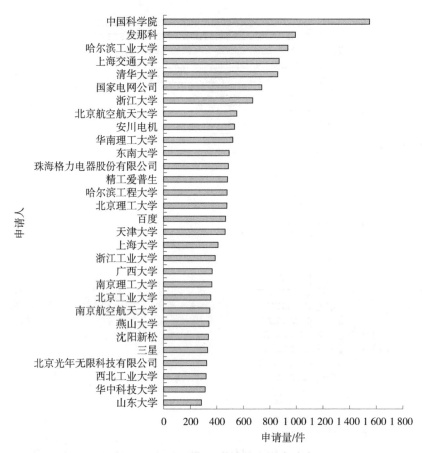

图5-2-7　中国专利申请的主要申请人

5.2.1.4　全球和中国主要技术分支分析

　　按照智能机器人的应用环境，可将其分为智能工业机器人和智能服务机器人。其中，智能服务机器人是机器人家族中的年轻成员，依赖人机互动方式的改善和数据获取处理能力的提升，产业开始了爆发式增长。根据国际机器人联盟（IFR）统计，2010—2016 年服务机器人的全球销量从 39.64 亿美元上升至 74.5 亿美元，2019—2021 年预计累计销售额将达 460 亿美元，❶ 因此智能服务机器人的市场需求巨大，随着人工智能的发展和大数据的进一步支

　　❶ 清华大学计算机系—中国工程科技知识中心，知识智能联合研究中心（K&I）. 智能机器人（前沿版）研究报告［R］. 2018.

撑，需求还将持续增长。

如图 5-2-8 所示，从 2000 年至 2019 年的统计数据表明，智能工业机器人专利申请总量的占比少于智能服务机器人。究其原因，工业机器人虽自 1962 年美国研制出世界第一台即起步，现已成为柔性制造系统、自动化工厂、计算机集成制造系统的自动化工具，但相对而言，工业机器人的智能化需求程度低于智能服务机器人，因而统计显示的结果中，智能工业机器人在全球申请量中的占比少于智能服务机器人。

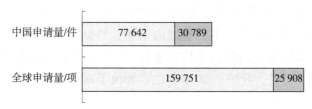

图5-2-8　中国专利申请的主要申请人

按照机器人的智能化程度，可以分为一般智能机器人和高智能化机器人。高智能化机器人能够将多种传感器得到的信息进行融合，通过机器学习、神经网络等技术拥有较强的自适应能力、学习能力和控制功能，从而通过自学习有效适应变化的环境。高智能化机器人在智能机器人总量中的占比如图 5-2-9 所示。

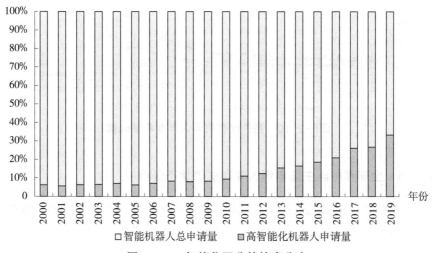

图5-2-9　智能化区分的技术分支

从所占比例来看，一直到 2009 年，高智能化机器人占比都未超过 10%；而从绝对数量来看，一直到 2011 年其绝对申请量都未超过 1 000 项，处于缓慢增长期。而从 2012 年开始，韩国、美国、英国、德国、日本等发达国家纷纷推出了国家层面的机器人发展支持策略，高智能化机器人的申请量占比逐步上升，2016 年以后开始了快速增长期，无论是申请的绝对数量还是申请量占比，都飞速增长。

关于高智能化机器人的全球专利申请和中国专利申请随时间的变化趋势如图 5-2-10 所示。从图中可以看出，我国起步较晚，一直到 2003 年，我国的高端智能机器人的申请量不到全球的 10%，均处于起步初期，2004—2014 年逐步增加，2015 年之后开始了快速增长，与全球高智能化机器人的申请量差距越来越小。可见，我国从 2015 年之后加快了高智能化机器人的研发和专利布局。

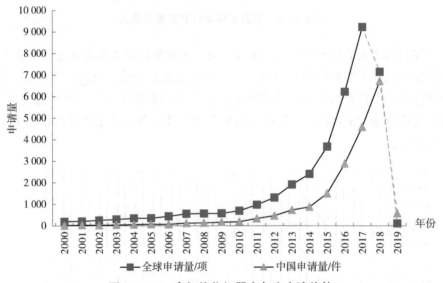

图5-2-10　高智能化机器人年度申请趋势

5.2.1.5　全球和中国主要申请人专利法律状态分析

自 2000 年以来智能机器人领域的中国专利申请授权率为 27.9%，如图 5-2-11 所示，具体到各个企业的专利法律状态如图 5-2-12 所示。

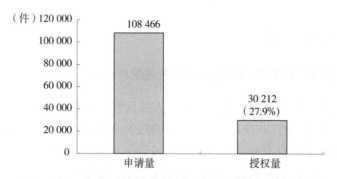

图5-2-11 智能机器人领域中国专利申请法律状态分析

图 5-2-12 的申请人中，中国科学研究院和各大高校的申请质量较高，其中授权率超过 50% 的大学由高到低分别为哈尔滨工程大学、上海交通大学、哈尔滨工业大学、北京航空航天大学、东南大学、燕山大学和上海大学；企业中日本的安川电机和发那科授权率分别为 48% 和 45%，我国企业中国家电网授权率为 39%、沈阳新松授权率为 24%，与国外巨头企业有一定差距。而百度、北京光年无限及珠海格力虽然授权率较低，但究其原因，有 2/3 的相关专利是 2016 年之后申请的，由于公开和审查时间周期的原因，还未结案，这也造成了数据显示上的误差。

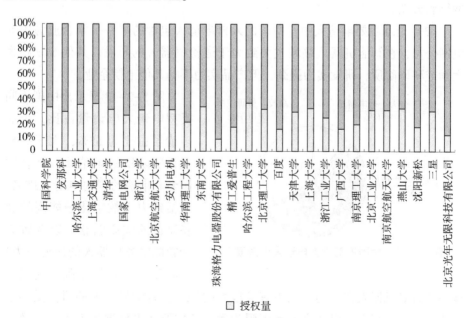

图5-2-12 智能机器人领域中国专利申请人法律状态分析

5.2.2 重点对比分析

5.2.2.1 全球和中国不同类型申请人布局重点分析

（1）日本作为世界上最早研究机器人并且开发技术最为发达的国家之一，在全球专利申请的前30位申请人中，入榜的14家均为企业，申请量占日本作为原创国申请量的44%；从区域发展来看，日本在智能工业机器人（以安川和发那科为首）和智能服务机器人领域均占据优势地位。

（2）将机器人打败人作为再工业化战略的美国，上榜的4个申请人也均为企业，包括IBM、微软、谷歌、英特尔，均是人工智能的巨头企业，在人工智能领域已有十几年的研究。IBM最出名的要数沃森，可利用自然语言处理机器学习技术识别模式，并提供在非结构数据上的洞见；谷歌转变为采用人工智能驱动的查询匹配系统进行独特的搜索，其收购的Deepmind提升了Alphabet的神经网络功能，并已经应用于各种人工智能驱动项目；微软聚焦于人工智能改变人类与机器的互动体验，致力于将人工智能大众化，其现场可编辑逻辑门阵列（FPGA）在不到1/10秒就翻译完整个维基百科；英特尔系列产品以高性能计算（HPC）著称，可以让人工智能扩展到更大型的服务器网络和云端。

（3）全球主要申请人中，中国的入榜申请人包含的唯一一家企业为国家电网公司，在智能机器人领域主要致力于巡检机器人的研发。其他5家则为大学或科研院所，研发实力强劲，但产品实力不如其他上榜企业。

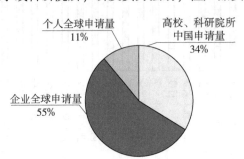

图5-2-13 中国不同类型申请人申请量占比

图5-2-13显示出中国不同类型申请人申请量占比，企业申请量占比为55%，大于高校或科研院所的申请量，结合中国专利申请的国内申请人排名，包括致力于数字化智能高端装备制造的沈阳新松，以及致力于智能服务机器人的珠海格力、百度和北京光年无限。这表明国内的智能机器人在市场驱动下有了很大的进步，智能机器人的研发受到了企业的关注。其中，以北京光年无限为例，其主要从事机器人人工智能及机

器人操作系统的研发和商业化应用，在智能机器人所涉及的多个领域都具有一定的技术优势。

（4）德国作为工业强国，是世界第五大机器人市场，发布了工业 4.0 战略，希望让机器人接管工厂，上榜企业包括致力于工业机器人控制系统和机器人本体的库卡，以及西门子和罗伯特·博世。

5.2.2.2　全球和中国优劣势分支对比分析

智能机器人的发展离不开基础硬件的支持和机器学习、视觉语音感知等通用技术的发展。图 5-2-14 和图 5-2-15 显示了智能机器人的中国专利申请和全球专利申请所依托的基础硬件、基础算法和通用应用技术，从整体上来看，在机器学习、深度学习、神经网络等基础算法上的占比差距较大，低 3 个百分点；在视觉感知、语音感知和自然语言处理等通用应用技术上差距不大，仅 1 个百分点。

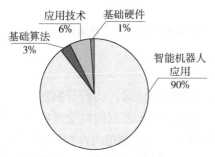

图5-2-14　中国专利申请技术
分支分布情况

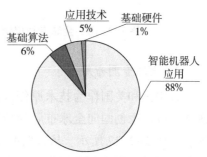

图5-2-15　全球专利申请技术
分支分布情况

中国作为技术原创国占全球专利申请的 37%。对智能机器人所依托的基础硬件数据进行统计可知，在智能机器人所涉及的全球 2 355 项基础硬件方面的专利申请中，中国申请人申请的专利有 356 项，仅占 15%；通用技术中的基础算法和应用技术中的中国申请人的申请量分别占到 32% 和 34%；仅在智能机器人的应用方面，占比超过了平均值，为 38%。这表明我国在智能机器人领域基础硬件的支撑力较差。

5.2.2.3　中美专利布局对比分析

1. 市场活跃度

如图 5-2-16 所示，在智能机器人领域的全球专利申请中，中国作为目标国的申请公开量为 84 054 项, 远远超过美国作为目标国的 48 102 项专利申请公开量; 中国作为技术原创国的申请量为 69 230 项, 在全球专利申请量中占比 37%, 超过美国的占比 16%。这表明在智能机器人领域中国市场的活跃度大大超过了美国市场, 各国均争相在中国进行专利布局。

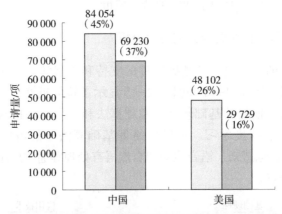

图5-2-16 全球专利申请中美全球申请量和技术原创量对比

2. 全球专利布局

以中国和美国作为技术原创国的专利申请量为依据, 我们分别统计了中国作为技术原创国向全球布局的情况和美国作为技术原创国向全球布局的情况, 如图 5-2-17 所示。从数据可知, 中国作为技术原创国向外布局的申请量比例未超过 22%, 而美国作为技术原创国向外布局的申请量比例已经超过了56%。这表明美国在智能机器人领域更加注重在全球的专利布局。

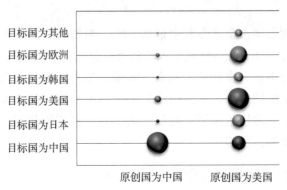

图5-2-17 全球专利申请中美原创国全球布局对比

中国作为技术原创国向其他国家和地区进行布局的申请量占比太少, 相较于日本、美国和欧洲，都有很大的差距。中国，特别是与美国所进行的全球布局，差距巨大，如图 5-2-18 所示。

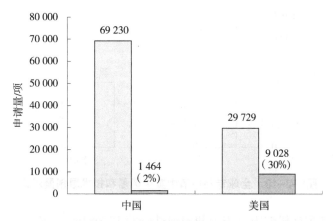

图5-2-18　全球专利申请中美技术原创量及国际申请量对比

图 5-2-18 显示在智能机器人领域的全球专利申请中，中国作为技术原创国的申请量为 69 230 项，美国作为技术原创国的申请量为 29 729 项。从图中可以明显看出，超过美国两倍的中国技术原创国申请，仅有 1 464 项专利申请同时申请了国际申请，仅占技术原创国总申请量的 2%；而美国技术原创国申请中有 9 028 项专利申请同时申请了国际申请，是中国的 6 倍多，占其技术原创国总申请量的 30%。这一数据表明中国与美国所进行的全球布局差距巨大，美国充分利用了国际申请这一有效手段进行全球布局，这些国际申请都将成为影响国际专利布局的潜在力量，值得中国企业学习。

3.　机器人智能化程度

如图 5-2-19 所示，虽然我国在智能机器人的全球申请量上远超美国，但在运用机器学习、神经网络等高级智能化加持下的高端智能机器人的全球专利申请量上，美国达到了 8 179 项，占美国技术原创量的 28%，而中国为 6 935 项，仅占中国技术原创量的 10%，低于美国。这表明中国在一般智能机器人领域有优势，而美国更加注重高级智能化机器人的研发，智能机器人的整体智能化程度更高。

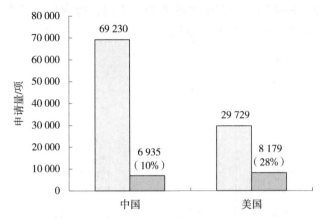

图5-2-19　全球专利申请中美申请量和技术原创量对比

对于高端智能机器人，美国和中国排名前 10 的申请人及相应申请量如图 5-2-20 所示。

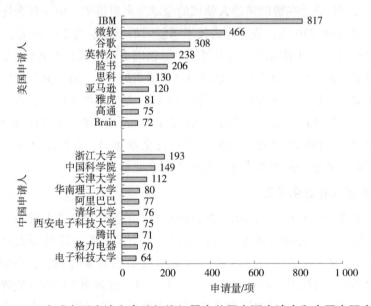

图5-2-20　全球专利申请中高端智能机器人美国主要申请人和中国主要申请人

美国排名前 10 的申请人均为企业，分别为 IBM、微软、谷歌、英特尔和脸书等；排名前 10 的中国申请人中，有 7 家为高校或科研院所、3 家为企业，3 家企业分别为阿里巴巴、腾讯科技和格力电器。从排名前 10 的中美申请人的申请量对比来看，即使是排名第一位的浙江大学，也仅有 193 项相关专利申请，与美国申请人相比，仅能排在美国申请人的第五位。可见，中国在高级智能机器人领域并不占优势。

对中国和美国的高级智能机器人相关申请的各项指标进行分析，如表 5-2-1 所示，发现美国相关专利申请权利要求项数多，各项权利要求的平均技术特征少，平均同族数高于中国，生命期 4.25 长于中国的 2.70。这表明美国的高级智能机器人相关专利申请的平均专利申请质量优于中国专利申请。

表5-2-1　全球专利申请中高级智能机器人中国和美国专利情况对比

中国	专利情况指标	美国
6 935.000	专利申请数量	8 175.000
21.295	专利申请平均权利要求数	7.740
20.070	授权权利要求数	6.530
29.320	权利要求技术特征数	7.050
41.610	授权权利要求技术特征数	19.850
2.700	专利申请生命期	4.250
0.190	平均同族数	1.565
0.830	被引用度	4.945

4. 专利布局侧重点

如图 5-2-21 所示，在智能机器人领域的全球申请中，在中国作为技术原创国的 69 230 项专利申请中，涉及基础硬件部分的专利申请共 356 项，占比仅为 1%，涉及机器学习、神经网络、视觉感知等通用技术类的专利申请共 6 384 项，占比为 9%（基础算法 5%+应用技术 4%），其他涉及智能机器人的申请占到 90%；而在美国作为技术原创国的 29 729 项专利申请中，涉及基础硬件部分的专利申请共 840 项，所占比例为 3%，涉及通用技术类的专利申请共 7 015 项，所占比例为 23%（基础算法 16%+应用技术 7%），其他涉及智能机器人的申请低于中国，为 74%。

从数据分析可以看出，美国在基础硬件上的专利布局超过中国的两倍，在通用技术上的布局稍多于中国，在涉及智能机器人的具体应用上中国则远高于美国。

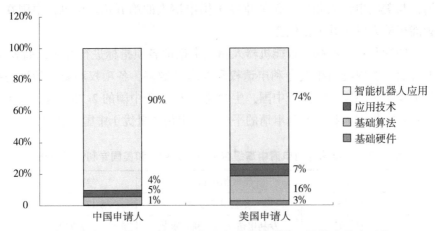

图5-2-21 智能机器人领域中美全球专利申请不同技术分支对比

5.2.3 智能服务机器人全球专利状况分析

国际机器人联盟（IFR）根据机器人的应用环境，将机器人分为工业机器人和服务机器人，❶ 因此对于智能机器人，根据不同的应用场景同样可分为智能工业机器人和智能服务机器人。其中，智能工业机器人指应用于生产过程与环境的智能机器人，主要包括人机协作机器人和工业移动机器人。智能服务机器人是除智能工业机器人之外的、用于非制造业并服务于人类的各种先进的高技术集成机器人，主要包括智能家用服务机器人和智能公共服务机器人，其中智能公共服务机器人主要包括在医疗、教育、金融、特种服务等领域为人类提供一般公共服务的机器人。现阶段考虑到我国在应对自然灾害和公共安全事件中，对特种机器人有着相对突出的需求，因此将特种机器人作为公共服务机器人中的一个特例分支，即智能特种服务机器人，指代替人类从事高危环境和特殊工况的服务机器人，主要包括军事应用机器人、极限作业机器人和应急救援机器人。

目前，智能服务机器人产业链主要有六大关键环节：硬件提供商、软件提供商、平台提供商、设备制造商、线上或线下销售平台、最终用户，如图5-2-22所示。

---

❶ 中国电子学会. 中国机器人产业发展报告［R］. 2018.

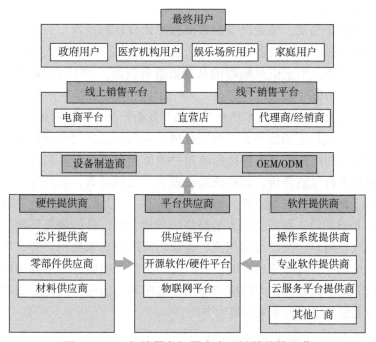

图5-2-22　智能服务机器人产业链的关键环节

（1）硬件提供商是服务机器人市场的积极参与者及基础设备、零件、材料的提供者。其主要包括芯片提供商（如 MARVELL、freescale、三星、英特尔等），零部件供应商（如 KEYENCE、COGNEX、JR 东日本、Futaba 等），材料供应商（如宜安科技、沈阳化工、奇美实业、安泰科技）等。这些提供商都希望通过服务机器人平台将自己的产品推广到服务机器人平台供应商，为各类设备制造商提供服务，并将其智能机器人环境锁定在自己的硬件、零部件、材料上。

（2）软件提供商是主要开发及提供服务机器人的各类软件及解决方案的提供者，主要包括操作系统（如 Linux、Android、Ios、Windows、ROS），专业软件（如科大讯飞、格灵深瞳、图灵机器人、FACE++、Microsoft、小 i 机器人），云服务平台（华为、阿里云、腾讯云、海尔、京东云）等厂商。其中，针对智能机器人搭载其适配的操作系统环境，也是软件提供商继台式机、个人笔记本、智能终端之后的又一个新的战场和发展空间。针对服务机器人的专业软件就像智能终端上的应用软件一样，将有一个广阔的发展空间。

（3）平台供应商将硬件提供商和软件提供商提供的产品通过供应链平台、开源软件或硬件平台、物联网平台提供给设备制造商、原始设备制造商或原始设计制造商 ODM。

(4) 设备制造商、原始设备制造商或原始设计制造商。一些有名的设备制造商,如新松、未来机器人科技、云迹科技、科沃斯机器人等。其中,家庭机器人领域中,小家电最耀眼的品牌要数科沃斯。OEM/ODM 生产,也称为定点生产,俗称"代工(生产)",产品生产者不直接生产商品,而是利用自己掌握的关键的核心技术负责设计和开发新产品,控制销售渠道。

(5) 线上或线下销售平台,为服务机器人到达最终用户提供了平台。网络运营商提供的服务质量将直接影响用户的体验和满意度。销售平台有传统的线下销售平台(直营店,如科沃斯机器人、福玛特等,以及代理商或经销商)和线上销售平台(如京东、淘宝网、苏宁、1 号店、国美等)两种。

(6) 最终用户。服务机器人的最终归属地,价值链的最终环节。其类型主要包括政府用户、医疗结构用户、娱乐场所用户和家庭用户等。用户的类型和服务机器人的类型是对应的,机器人的类型是应服务于不同的用户需求而诞生的。挖掘服务机器人的应用场景、挖掘不同的用户类型形成新的用户群体,也是服务机器人未来的努力方向。

5.2.3.1 全球和中国申请态势分析

智能服务机器人领域中,全球专利申请及中国专利申请的申请量增长趋势如图 5-2-23 所示。图中显示一直到 2004 年,全球专利申请量都是中国专利申请量的 10 倍以上,可见中国在智能服务机器人领域的起步较晚;2005 年至 2012 年,全球专利申请量和中国专利申请量都处于稳步增长态势。

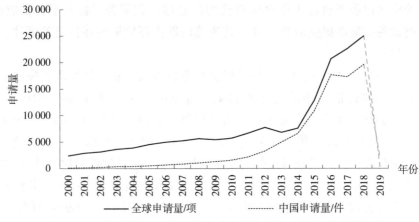

图5-2-23　智能服务机器人的全球专利申请和中国专利申请态势

从智能机器人的中国专利申请量可以看到，2006 年之前中国专利申请量一直在 1 000 项以内，仅占全球申请量的 1/6，之后相对于前期的起步阶段有了一个较大的增长；2006—2014 年申请量紧跟全球趋势，持续以较高的增长率增长，处于快速发展阶段；2014 年至今，更是出现跳变式的增长，增长速度超过全球专利申请的增长速度，与全球专利申请量的差距越来越小，超过全球申请量的 50%。这表明，不仅全球重视专利在中国的布局，国内也开始认识到智能机器人领域的重要性，加大了市场和研发投入，并加紧专利布局。

5.2.3.2　全球和中国布局区域分布

对全球专利申请的原创国家和地区进行统计的结果如图 5-2-24 所示。

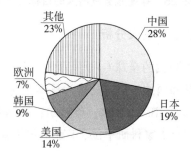

图5-2-24　智能服务机器人的全球技术原创国和地区占比

图中显示在智能服务机器人领域，中国作为技术原创国申请量占据了第一位，占比为 28%，其次是日本、美国、韩国和欧洲，占比分别为 19%、14%、9%和 7%，相对于智能机器人总量的占比均有不同程度的下降。这说明除了工业机器人，各国的智能服务机器人在各中小企业中均有涉及。

而通过对进入中国的专利申请进行原创国的统计，除中国的申请外，在国外已经进行了专利申请且进入中国进行专利布局的原创国家/地区中，日本有 5 587 项，占据第一位，美国有 4 126 项，占据第二位，均是积极在中国进行智能服务机器人布局的国家，其次是欧洲和韩国。

图 5-2-25 显示在智能服务机器人领域中，各技术原创国在其他国家的布局。与智能机器人领域类似，可以明显看出中国作为技术原创国向其他国家和地区进行布局的申请量非常少，而美国、日本虽然申请总量少于中国，但在其他国家和地区的布局数量都多于中国。可见，我国相较于日本、美国和欧洲，在全球专利布局上有很大差距。

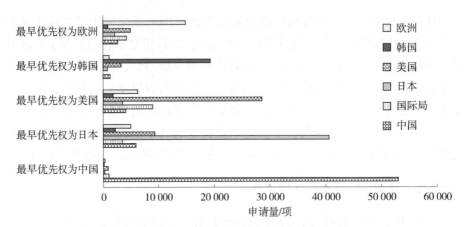

图5-2-25 智能服务机器人的目标市场分析

5.2.3.3 全球和中国主要申请人分析

对于智能服务机器人领域的全球专利申请,其排名与智能机器人的整体排名类似,占据第一位的是韩国的三星;其次为日本企业,分别为丰田、爱普生、索尼、松下;美国企业包括 IBM、微软、英特尔;德国企业包括西门子、罗伯特·博世和戴姆勒;中国有 1 家科研单位、1 家企业和多所高校上榜。

5.2.3.4 全球和中国主要技术分支分析

随着机器人智能化程度的不断提高,智能服务机器人越来越多地需要借助传感器感知自身和外部环境的各种参数变化,进而为控制和决策系统做出适当的响应提供数据参考。

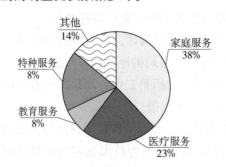

图5-2-26 智能服务机器人的应用领域占比

基于应用领域,智能服务机器人主要包括个人或家庭服务机器人、教育服务机器人、医疗手术服务机器人及特种服务机器人,图 5-2-26 显示了智能服务机器人在几大主要应用领域的所占比例。其中,个人或家庭服务机器人占比最高,达到 38%。这表明家庭服务类机器人仍然是现阶段研究和布局的重点。同时,教育、特种服务及其他初步兴起的应用领域,目前专利量较少,是很好的入市时机。

如图 5-2-27 所示，基于智能服务机器人的不同关键技术，将其划分为环境感知技术、自主移动技术、人机交互技术，以及相关的控制系统和硬件结果。其中，人机交互技术占比最高，主要包括触觉交互技术、视觉交互技术和听觉交互技术；自主移动技术占比较小，仅为 7%，主要包括定位建图技术和路径规划技术。

如图 5-2-28 所示，关于环境感知技术，其基于传感器技术，针对具体的感知方式，可以分为 5 个技术分支，分别为激光雷达，占比 27%；红外传感器，占比 23%；毫米波雷达，占比 17%；超声波雷达，占比 11%。其中，激光雷达传感器的申请量所占比重较大，激光雷达传感器激光雷达的具有测量距离远和准确性高的优点，是目前机器人和自动驾驶汽车等自主移动设备环境感知部件的最具发展前景的技术。

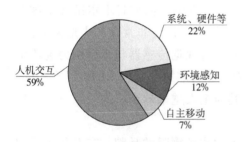

图5-2-27　智能服务机器人
各关键技术分支占比

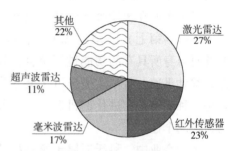

图5-2-28　智能服务机器人
在环境感知各分支中的占比

5.2.4　智能服务机器人重点对比分析

5.2.4.1　全球重点申请人布局重点分析

（1）中国的主要申请人是以国家电网、联想、百度、科沃斯为代表的企业，以及以清华大学、中国科学院、哈尔滨工业大学等为代表的高校或科研院所。申请领域也主要集中在人机交互领域、自主移动领域和硬件结构领域。

（2）日本、韩国、美国均有跨国企业布局。日本以世界知名的电子和汽车产业巨头索尼、松下等多家企业为代表，韩国以世界有名的电子产业巨头三星、LG 为代表，美国则以世界知名的 IT 企业微软、高通和 IBM、谷歌为代表。这些企业都是非常重视中国市场的跨国巨头。

美国企业中，谷歌作为自主移动的实践者之一，在自主移动分支全球拥有较多专利申请，包括 US8209144B1、CN105409212A 等，在传感器、三维环境导航等常规技术点布局。浸入科技（Immersion）作为人机交互的领先者，是触觉技术创新公司，专利申请上千项，其触觉传感（Touch Sense）技术为全球知名厂商生产的手机、汽车、游戏、医疗和消费类电子产品提供绝佳的触觉体验，授权的厂商包括三星、LG、诺基亚、东芝等，专利布局重点主要涉及人机交互。iRobot 公司由麻省理工学院的机器人专家联合创办于 1990 年，致力于设计和制造世界上最重要的机器人，2001 年后从军用转型投入智能服务机器人领域。无论是技术水平、从业历史还是产业化程度，iRobot 公司都是全球服务机器人发展的领军企业。与其主推的清洁型机器人有关，其在全球的专利申请中硬件结构占比 46%，控制系统和自主移动分支机器人分别占比 28% 和 23%，在自主移动方面大部分重要专利涉及非视觉导航的避障定位和路径规划。除此之外，iRobot 公司也注重基于视觉的自主移动技术。

日本企业在智能服务机器人领域，有代表性的产品如日本本田（全球专利申请排名第七）公司的 ASIMO，这是一款类人程度非常高的人形机器人，能够对自身所具有的功能进行综合性控制，有视觉传感器与运手腕力度传感器，移动迅速；日本索尼公司（全球专利申请排名第九）推出的机器狗 Aibo，其是一种能够自主进化的机器狗，随着其与主人越来越亲密的关系发展出自己独特的个性。

中国企业中，科沃斯属于家庭机器人中比较耀眼的品牌，在专利布局和市场中都占有一席之地，在清洁类机器人的发明专利申请中排名第二，领先于国内的美的和美国的 iRobot，如图 5-2-29 所示。

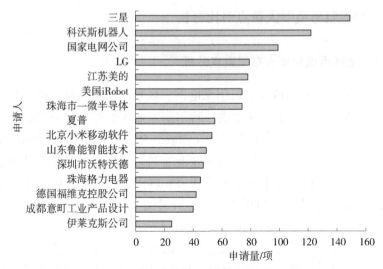

图5-2-29 清洁类机器人领域中国主要申请人

　　科沃斯在中国的专利申请共有 726 项，全球专利申请共 528 项，在中国的各类型专利申请均有布局，其中发明有 271 项（占比 37%）、实用新型有 283 项（占比 39%）、外观有 172 项（占比 24%）。其在美国的竞争对手 iRobot 在中国仅有 203 项专利申请，其中发明有 106 项、实用新型有 89 项、外观仅有 8 项，如图 5-2-30 所示。

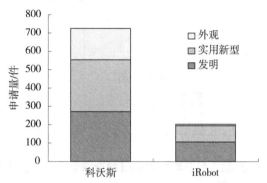

图5-2-30　科沃斯与 iRobot 的中国专利申请量对比

　　科沃斯进行了 24% 的外观专利布局，究其原因，在所实现的功能和销售的价格相差不多的情况下，家用智能服务机器人产品的外观设计就成为影响消费者选择的重要因素。此外，由于家用智能服务机器人具有与消费者朝夕相处的特性，故其外观设计的重要性就更为突出，因此家用智能服务机器人的外观设计必将受到消费者和厂商的重视，而且有关外观专利侵权的诉讼纠纷在家用智能服务机器人领域也时有发生。可见，外观专利布局在智能服务机器人领域相当重要。

　　科沃斯在中国不同申请类型的年度申请量如图 5-2-31 所示。

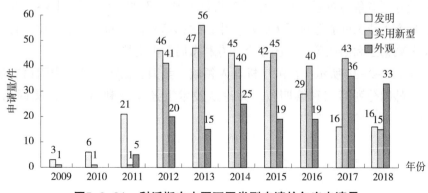

图5-2-31　科沃斯在中国不同类型申请的年度申请量

如图5-2-32所示,科沃斯在全球的专利申请量共528项,较为注重全球布局,528项申请同时申请了PCT国际申请的有151项;iRobot共有490项全球专利申请,同时申请PCT国际申请的有143项,专利布局实力相当。

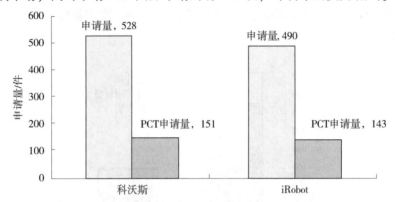

图5-2-32　科沃斯与iRobot的全球专利申请量对比

另外,国内创新者思岚科技虽然未入主要申请人排名榜,但在2010年开始研究激光雷达传感器,并将其作为自主移动产品的基础核心技术,技术具有先进性,虽未全面布局但有专利布局意识(截至目前已有111项申请),现阶段以降低激光雷达成本适合消费级产品为目标,产品有360度激光扫描测距雷达(RPLIDAR)、模块化自主定位导航解决方案(SLAMWARE)与宙斯(ZEUS)通用型服务机器人平台。

5.2.4.2　全球和中国优劣势分支对比分析

(1)基于应用领域不同,中国在个人或家庭服务机器人和教育服务机器人领域专利竞争力较强,在医疗服务机器人领域不如美国。如图5-2-33所示,在个人或家庭服务机器人领域,中国占据第一位,韩国占第二位,日本、美国分列第三和第四位。中国在全球专利布局上占优势。

如图5-2-34所示,在医疗机器人领域,美国占据第一位,中国第二位,日本、韩国分列第三和第四位。无论从技术上还是专利布局上,美国均占优势。

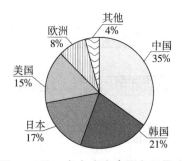

图5-2-33　个人或家庭服务机器人
领域技术原创国占比

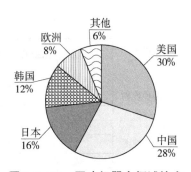

图5-2-34　医疗机器人领域技术
原创国占比

如图 5-2-35 所示，在教育机器人领域，中国占据第一位，领先于其他国家，申请量占全球申请量的 48%。

如图 5-2-36 所示，在特种服务机器人领域，中国的申请量排名第一，占比达到 40%，但需要说明的是由于各国的特种机器人涉及军用，专利数据不能直接代表各国的发展水平。

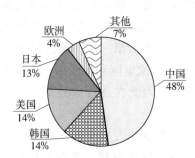

图5-2-35　教育机器人领域
技术原创国占比

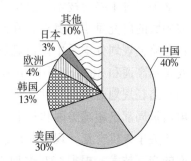

图5-2-36　特种服务机器人领域
技术原创国占比

（2）基于主要关键技术不同，人机交互技术相关的专利申请量最大，美国与日本有优势；环境感知技术相关的专利申请中，日本占比最高；自主移动技术相关的专利申请量整体相对较少，但定位建图技术分支和路径规划分支的各国优势不同，中国在路径规划分支有优势。图 5-2-37 对定位建图和路径规划进行具体分析。

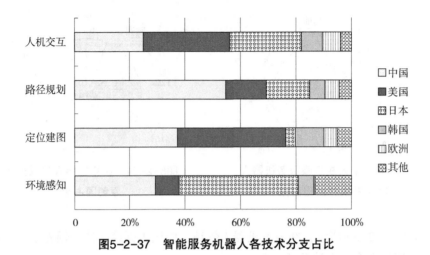

图5-2-37 智能服务机器人各技术分支占比

①关于环境感知技术，其基于传感器技术，而传感器技术的基础是半导体和电子元器件制造技术。日本在半导体和电子元器件技术领域具有非常丰厚的技术积累，因此相比其他国家具有明显的优势。

②关于自主移动技术，定位建图和路径规划是智能服务机器人自主移动研究领域的研究重点。其中，在定位建图分支，美国略高于中国，占据第一位；在路径规划分支，中国已超越美国和日本，占据第一位。美国申请企业主要包括高通和iRobot，中国申请企业主要包括国家电网和科沃斯。由于定位建图和路径规划对硬件属性要求不如环境感知，因此在此技术分支下中国专利申请量局部已超越美国和日本。

③关于人机交互，现阶段已发展为基于多模态的人机交互，需要结合多方面的交互技术。根据交互类型不同，可以分为触觉交互、语音交互和视觉交互；在这一分支下，美国、日本起步较早，且日本企业更早地将其应用到智能服务机器人中，占据了市场优势；但是对于中文语音识别相关技术和应用，中国在此方面的优势是明显的，特别是百度，在语音技术方面也进行了技术储备和突破，为语音技术的发展贡献了力量。

5.2.4.3 中美发展策略对比分析

智能芯片和智能传感器技术的应用，使现代机器人具备了类人感知能力，为机器人高精度智能化的工作提供了基础。基于硬件类型进行统计，智能机器人的全球专利中基础硬件专利共2 355项，技术原创国为美国的有840项，占据第一位。

在智能服务机器人的全球专利申请中，统计分析了涉及通用技术中应用技术类的专利申请，涉及视觉感知改进的全球专利申请共 5 575 项，其中中国有 1 802 项（在美国布局 46 项）、美国有 1 461 项（在中国布局 205 项）；涉及听觉感知改进的全球专利申请共 1 603 项，其中中国有 620 项（在美国布局 12 项）、美国有 335 项（在中国布局 41 项）；涉及自然语言处理改进的全球专利申请共 1 769 项，其中中国有 724 项（在美国布局 9 项）、美国有 665 项（在中国布局 53 项）。从整体上来看，智能机器人领域中国申请在通用技术类改进的数量上略超美国，但同样的问题，向外布局数量显著少于美国。

5.2.4.4　各分支主要申请人布局区域和布局重点分析

对于智能机器人领域的关键技术分支人机交互，从区域发展来看，日本、美国起步较早，且日本企业更早地将其应用到了智能服务机器人中，占据了市场优势，因此中国企业应该积极布局涉及机器人的空白技术领域，以及当前还较为欠缺的技术，如嗅觉传感技术、脑力波交互技术、第六感等未来交互技术。预计 2015—2020 年，随着与生物体隔膜相似功能的人工载体的发展，人脑可以通过计算机控制电机的技术使得对假装进行直接和自主控制，而不依赖于脊柱或周围神经系统。

5.3　智能终端行业整体专利状况分析

5.3.1　全球和中国专利状况分析

5.3.1.1　全球和中国申请态势分析

如图 5-3-1 所示，全球和中国申请态势基本一致。人工智能终端的发展趋势相对较为平缓，自 2014 年起，全球申请量才开始突破万项。2015—2016 年，申请量突增，但是 2016—2017 年申请量增长放缓。在这期间，随着技术成熟度增加及智能终

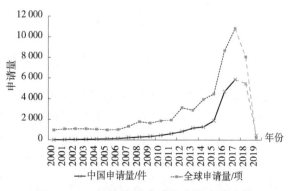

图5-3-1　智能终端全球和中国申请态势

端市场的饱和，专利申请量开始进入瓶颈期。

5.3.1.2　全球和中国主要申请人分析

如图 5-3-2 所示的全球申请人，智能终端全球专利申请量约为 13.9 万项，前 20 名申请人共拥有发明专利申请 26 114 项，仅占全球数量的 19%，更多专利分布于广大中小型企业。排名靠前的是传统的 IT 类公司，包括在消费终端具有较强实力的三星、LG，具有技术领先优势的微软、IBM、谷歌等。在前 10 名申请人中，中国申请人仅占据两个席位，即消费类电子的典型企业 OPPO 电子和华为，所以整体上中国申请量要弱于国外申请。但是，排在第 11—20 名的申请人中，中国占据 8 席，所以中国申请人中的后起之秀越来越多，技术储备也在增强。

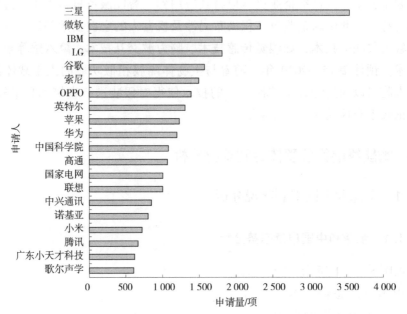

图5-3-2　智能终端全球申请人

如图 5-3-3 所示，在华申请中国外申请人仅三星排名第四位，索尼排名第 13 位，高通排名第 19 位，其他均为国内申请人。在这一领域排名前 20 位的国内申请人中，除了智能终端产业链所涉及的科技类型的公司外，还有中国科学院、北京航空航天大学等大学和科研院所。这说明这一领域有众多类型的申请人参与，竞争也较为激烈，但是这些大学和科研院所可以为未来产学研结合提供技术储备。

通过全球申请人和中国申请人的对比发现，国外申请人仍然以企业为主，而且除了具有智能终端产品的大型企业外，提供操作系统的微软、谷歌，提供芯片的高通、英特尔都有所发力，而这些芯片和软件是智能终端的基础硬件和实现平台，对智能终端的发展起到至关重要的作用。而中国申请人排名靠前的是消费类电子的应用企业，如 OPPO 等，以及应用类企业，如国家电网，所以后续发展有可能受限于基础硬件和实现平台，中国申请人需要在这一领域进行前瞻性的技术研发和储备。

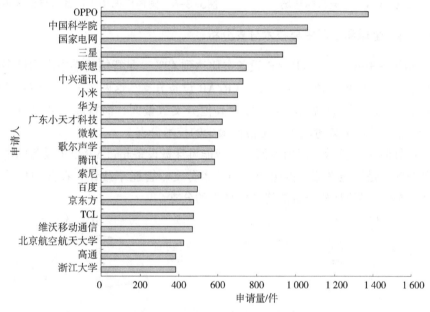

图5-3-3　智能终端在华申请人

5.3.1.3　全球和中国布局区域分析

如图 5-3-4 所示，中国成为智能终端最受关注的市场，占比超过一半；其次是美国；中国和美国占据 78% 的市场份额，远超其他国家或地区。

如图 5-3-5 所示，在中国的专利申请中，国内申请人占比达到 62%，但是美国申请人的申请数量占 20%，国外申请人的研发力量在国内占据一定比例。

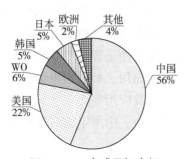

图5-3-4　全球目标市场

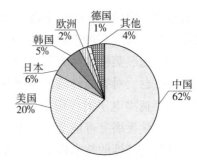

图5-3-5　国内申请中不同国家申请人占比

5.3.1.4　全球和中国主要技术分支分析

如图 5-3-6 所示，VR/AR 设备占比达到 42%，是智能终端中占比最多的技术分支，智能可穿戴设备仅次于 VR/AR 设备分支。这两个分支所涉及的产品和技术与人工智能密切相关，相对其他分支数量大。而智能车载设备发展时间较短，整体上数量较少，是占比最少的技术分支。

如图 5-3-7 所示，国内申请中，智能可穿戴设备超过 VR/AR 设备的占比达到 41%，是智能终端中占比最多的技术分支。智能车载设备在国内申请占比也是 5%，仍然是整个智能终端中最少的分支。

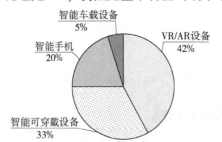

图5-3-6　全球智能终端技术分支占比

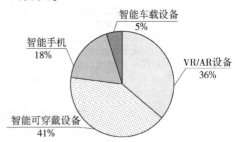

图5-3-7　中国智能终端技术分支占比

5.3.1.5　全球和中国主要申请人布局重点、专利法律状态及专利寿命分析

如表 5-3-1 所示，全球申请人前 20 名的申请状态，其中国外申请人的专利度普遍高于国内申请人，相关专利的保护范围大于国内申请，高通的专利度达到 34.84，特征度相对较小，具有更高的稳定性，在智能终端中具有较强的技术实力。而国内申请人中，国家电网的专利度仅有 7.02，特征度达到了 30.37，所以虽然其申请量较多，但是在这一领域的实力却相对较弱。这种情况还发生在中国科学院的专利申请状态。在国内申请中，技术实力相对较强的是华为，并且生命期也较其他国内企业长，对专利权益的维护比较重视。

表5-3-1　全球申请人专利申请状态

申请人	专利度	特征度	授权专利度	授权特征度	有效率	失效率	驳回率	授权率	等待期	生命期	付费期	同族度	同族国家数	被引用度
三星	18.67	12.23	15.68	18.35	0.91	0.09	0.05	0.82	3.7	6.5	3.6	4.57	3.72	2.00
微软	17.78	14.77	18.18	17.75	0.96	0.04	0.03	0.87	3.7	7.8	5.1	6.00	3.65	8.60
IBM	16.99	17.61	15.82	19.42	0.85	0.15	0.01	0.95	3.1	7.3	5.9	2.98	1.67	6.78
LG	15.08	13.74	11.48	21.79	0.86	0.14	0.03	0.87	3.7	6.7	3.2	8.48	3.73	0.92
谷歌	21.19	14.16	20.17	16.24	1.00	0.00	0.01	0.98	2.8	5.8	4.5	11.10	3.70	6.04
索尼	18.20	14.52	16.31	19.16	0.85	0.15	0.03	0.79	4.2	7.6	4.0	16.03	4.12	3.81
OPPO	11.91	12.85	8.97	22.19	1.00		0.18	0.82	2.7	3.9	1.1	1.27	1.46	0.95
英特尔	23.62	13.40	20.99	16.81	0.91	0.09	0.04	0.95	3.8	6.8	4.3	19.53	3.61	1.78
苹果	27.78	13.35	22.09	14.49	0.98	0.02		0.98	2.8	5.3	4.0	32.48	3.79	5.41
华为	22.71	14.17	15.90	19.95	0.85	0.15	0.12	0.80	3.8	7.6	3.3	2.43	2.87	1.77
中国科学院	9.54	25.40	7.43	40.91	0.83	0.17	0.12	0.77	2.8	6.5	2.9	0.76	1.20	3.53
高通	34.84	12.46	29.96	16.43	0.96	0.04	0.04	0.85	4.5	7.4	2.9	14.03	5.55	2.89
联想	14.89	11.21	13.96	16.04	1.00		0.14	0.86	3.7	5.1	1.3	2.50	1.93	2.29
国家电网	7.02	30.37	5.23	54.76	0.93	0.07	0.22	0.64	2.5	4.4	1.3	0.27	1.04	1.19
中兴通讯	12.42	13.30	10.58	24.06	0.84	0.16	0.16	0.68	4.2	8.2	3.3	1.02	2.20	1.41
诺基亚	21.88	12.12	19.99	15.18	0.74	0.26	0.07	0.74	4.8	10.5	6.2	4.93	4.14	7.15
小米	15.53	10.40	13.13	17.23	1.00		0.23	0.74	3.1	4.0	0.8	1.53	3.62	1.51
腾讯	16.32	14.23	14.02	19.17	1.00		0.14	0.86	2.9	4.6	1.3	1.44	2.70	1.06
广东小天才科技	10.71	12.28	8.76	18.33	1.00		0.22	0.78	2.6	3.4	0.8	0.17	1.01	0.48
歌尔声学	10.16	14.47	8.22	22.69	1.00		0.17	0.82	2.7	4.1	1.0	0.62	2.21	0.76

注：表中空白处表示未提取到相关数据。

5.3.2 重点对比分析

5.3.2.1 全球和中国不同类型申请人布局重点分析

如图 5-3-8 和图 5-3-9 所示，全球和中国申请人中，企业占比超过 50%，而高校及科研院所的比例也超过 20%，具有比较好的产学研结合基础。这与行业的领域特点相关，智能终端的领域整体还是依赖于智能硬件产品的研发，这一领域内企业作为产品的生产者和销售者，研发的热情度高。高校和科研院所更倾向于智能终端产品的软件配套或者人工智能应用于智能终端的算法实现。国内申请人占比状况基本与全球状况类似，只有高校及科研院所、个人的占比稍高于全球状况。

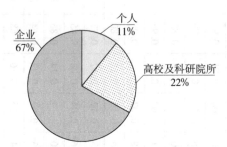

图5-3-8 全球申请人类型分布

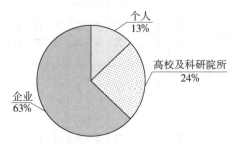

图5-3-9 中国申请人类型分布

5.3.2.2 全球和中国优劣势分支对比分析

如图 5-3-10 所示，中国整体申请量最多，美国其次。中国占比最多的是智能可穿戴设备。与中国不同，美国占比最多的是 VR/AR 设备。日本整体申请量相对较少，但是对 VR/AR 设备的投入最多，占比超过其他几个国家或地区。

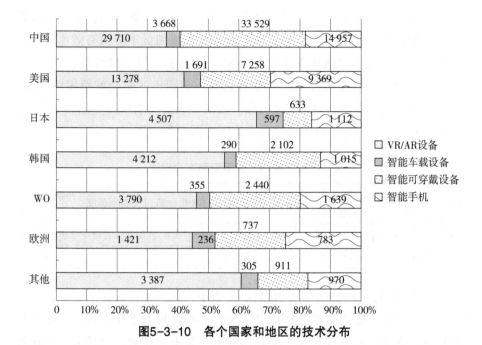

图5-3-10　各个国家和地区的技术分布

5.3.2.3　技术原创国或地区全球专利布局情况分析

如图 5-3-11 所示，智能终端中美国作为技术原创国的占比最多，超过中国 15%。美国作为传统的技术研发实力较强国家，在智能终端领域布局早，占比较多。

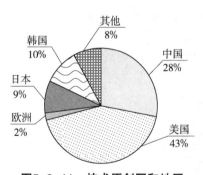

图5-3-11　技术原创国和地区

5.3.2.4　中美专利布局对比分析

如表 5-3-2 所示，美国的专利度几乎是中国专利度的两倍，而中国的特征度大于美国，所以整体上美国专利实力大于中国。尤其是在授权后，授权专利代表的技术实力，差距更加明显。中国有效率稍低于美国有效率，但是失效率要高于美国。中国和美国的生命期相差不多，但是付费期差距明显，美国更注重对权利的维护。从同族度对比看，美国也注重全球范围的布局，中国则不然，走出去的意识还有待加强。美国专利的被引用度要远高于中国，说明美国专利更加稳定，技术基础性要高于中国专利申请。

表5-3-2　中国和美国专利实力对比

国家	专利度	特征度	授权专利度	授权特征度	有效率	失效率	等待期	生命期	付费期	同族度	同族国家数	被引用度
中国	10.75	24.60	9.69	38.4	85%	15%	3.1	5.8	2.2	3.15	3.10	1.35
美国	20.19	17.84	19.43	17.9	91%	9%	2.7	6.9	6.4	12.17	2.58	11.34

如图5-3-12，在美国的前20名申请人中，偏向软件层面的企业占比较多，如前三名中，微软和谷歌都提供了智能终端实现的系统平台，IBM提供了系统解决方案。而硬件方面，苹果作为消费类电子领域的领导者，占比较多，其次是硬件芯片的提供商英特尔和高通。这一名次排布体现了美国国内技术实力的优化，基础硬件和平台奠定雄厚基础。

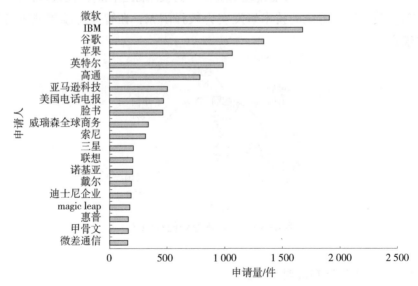

图5-3-12　在美申请的前20名申请人

5.3.2.5　各分支主要申请人布局区域和布局重点分析

如图 5-3-13 所示，全球前 10 名申请人中，三星、微软、IBM 都注重在美国的布局，其次是在中国布局，尤其是 IBM 更注重在本国的技术优势。排名靠前的 OPPO 在这一领域的海外布局为 0，说明中国国内申请人走出去的意识不强。而华为虽然总体申请量较少，但是在全球范围内布局广泛，PCT 申请也是其保护专利技术的重要手段。

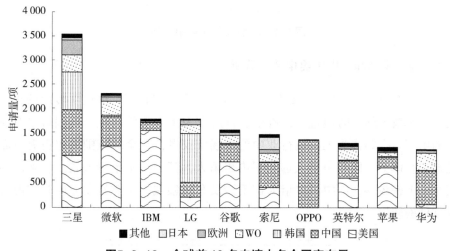

图5-3-13　全球前 10 名申请人各个国家布局

5.4　智能驾驶行业整体专利状况分析

5.4.1　全球和中国专利状况分析

5.4.1.1　全球和中国申请态势分析

如图 5-4-1 所示，智能驾驶申请态势发展较为平稳，在 2010 年之前发展缓慢，增长量并不高；从 2010 年到 2014 年持续增长，但是增长量仍然没有突增，直到 2015 年开始出现快速增长的态势。

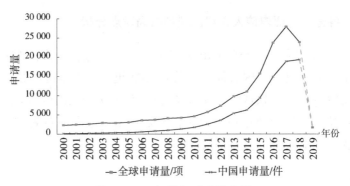

图5-4-1 智能驾驶申请态势

5.4.1.2 全球和中国主要申请人分析

如图5-4-2所示，全球申请人中汽车制造公司较多，这说明传统的车企也保持了技术的与时俱进。而谷歌、百度作为无人驾驶的积极提倡者也有较多的申请。大疆作为无人机行业中的市场佼佼者，在全球范围内也占有一席之地。整体上，国外申请人远超国内申请人，其中日本申请人较多，美国传统车企上榜较多，而中国申请人都不涉及车辆领域，主要研发方向是智能驾驶软件的应用。

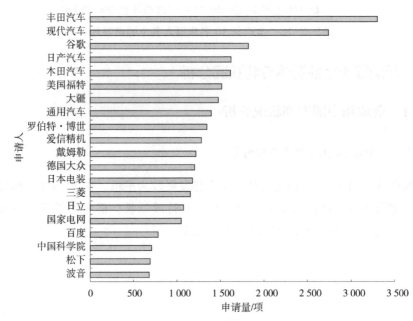

图5-4-2 智能驾驶全球申请人

如图 5-4-3 所示，大疆公司作为无人机领域的先行者，对专利保护的意识较强，申请量最多，专利已经成为其国际市场开拓的有力武器。中国申请人中与车辆相关的主要是国内独资车辆企业，如奇瑞、吉利，整体上高校和科研院所多于企业。

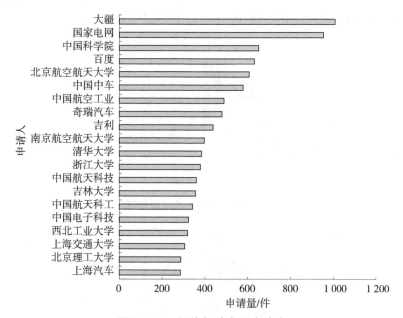

图5-4-3　智能驾驶中国申请人

5.4.1.3　全球和中国布局区域分析

如图 5-4-4 所示，中国已经成为最受关注的目标市场。日本在汽车工业上也颇具实力，对智能驾驶相关的技术关注度较高，排名超过美国位列第二，美国、韩国、德国依次位列第三、第四、第五位。

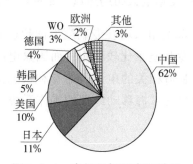

图5-4-4　市场目标国家和地区

5.4.1.4 全球和中国主要技术分支分析

如图 5-4-5 和图 5-4-6 所示，全球及中国范围内，自动驾驶车辆相关技术分支占比远超其他分支，但是中国因为拥有大疆这种市场份额较多的企业，所以在无人机方面的专利申请占比要高于全球范围内的占比。

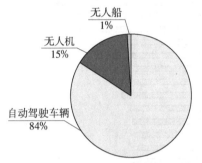

图5-4-5　全球技术分支分布

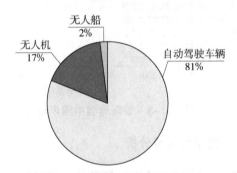

图5-4-6　国内技术分支分布

5.4.1.5 全球和中国主要申请人布局重点、专利法律状态及专利寿命分析

如表 5-4-1 所示，深圳市大疆在专利度方面超过其他申请人，而特征度小于其他申请人，所以专利质量比较稳定，而国家电网、中国科学院的情况则相反，整体上和汽车制造相关的申请人的专利状态比较类似。谷歌虽然不涉及汽车制造，但是因为其掌握移动终端的操作系统，所以有可能成为未来智能驾驶的引领者。

表5-4-1 全球主要申请人布局重点

申请人	专利度	特征度	授权专利度	授权特征度	有效率	失效率	授权率	等待期	生命期	付费期	同族度	同族国家数	被引用度
丰田汽车	7.29	20.53	8.43	22.27	0.80	0.20	0.91	3.9	8.6	5.3	2.42	3.53	3.01
现代汽车	8.95	19.62	8.61	22.51	0.82	0.18	0.82	3.7	7.1	3.7	2.47	3.64	1.34
谷歌	20.45	14.15	19.92	15.38	1.00	0.00	1.00	2.3	5.8	5.4	10.54	2.99	9.00
日产汽车	7.19	22.13	7.83	23.92	0.78	0.22	0.96	4.3	9.3	6.9	2.50	3.41	3.27
本田汽车	6.84	21.31	6.42	23.87	0.62	0.38	0.97	3.7	9.5	5.9	3.42	3.54	2.88
美国福特	15.48	12.29	14.01	15.09	0.92	0.08	0.88	3.4	7.3	4.7	4.82	3.81	2.82
大疆	58.32	10.91	33.90	16.07	1.00		0.96	2.8	4.0	1.0	3.52	2.82	0.89
通用汽车	13.08	15.55	15.52	19.29	0.92	0.08	0.86	3.3	7.8	4.5	4.06	2.88	4.40
罗伯特·博世	11.37	13.10	10.83	17.34	0.88	0.12	0.85	4.5	8.5	3.8	3.89	4.12	1.95
爱信精机	6.79	23.69	7.41	25.23	0.82	0.18	0.80	4.7	9.7	5.6	3.12	3.54	3.53
戴姆勒	7.32	13.85	10.05	29.42	0.45	0.55	0.82	2.6	15.2	14.8	0.77	3.90	3.47
德国大众	11.63	15.16	12.56	18.74	0.94	0.06	0.90	3.8	6.8	2.6	2.60	3.82	2.50
日本电装	8.32	23.37	8.00	24.80	0.88	0.13	0.91	3.8	9.2	6.8	1.80	3.19	3.87
三菱	6.38	21.86	6.72	25.04	0.86	0.14	0.92	3.8	8.9	4.8	1.90	3.51	2.80
日立	7.05	20.53	8.09	22.71	0.77	0.23	0.73	4.3	8.3	4.4	1.78	3.38	3.06
国家电网	7.26	29.09	6.02	46.81	0.94	0.06	0.69	2.4	4.8	1.7	0.39	1.09	1.99
百度	16.04	12.94	13.93	17.61	1.00		0.91	2.4	3.4	0.9	0.99	2.73	0.45
中国科学院	8.00	25.66	6.64	42.19	0.84	0.16	0.73	2.7	5.8	2.4	0.52	1.06	3.44
松下	9.50	18.55	9.25	20.14	0.50	0.50	0.65	4.3	9.7	6.0	2.17	3.85	3.18
波音	19.08	13.47	18.58	16.72	0.98	0.02	1.00	3.3	7.5	6.2	7.00	3.65	6.05

注：表格空白处表示未提取到相关数据。

5.4.2 重点对比分析

5.4.2.1 全球和中国不同类型申请人布局重点分析

如图 5-4-7 和图 5-4-8 所示，全球申请人和中国申请人类型基本类似，主要是企业类型申请人，高校及科研院所的申请比例均超过 20%，中国个人申请稍多。

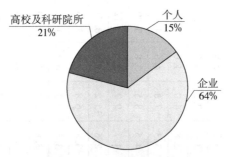

图5-4-7 全球申请人类型

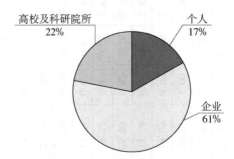

图5-4-8 中国申请人类型

5.4.2.2 全球和中国优劣势分支对比分析

如图 5-4-9 所示，中国的申请量明显高于其他国家申请量，而且涉及领域比较广泛；日本则偏重 F16H（传动装置）的申请；美国相对偏重 G05D（非电变量的控制或调节系统）和 G06F（电数字数据处理），在 B64D（用于与飞机配合或装到飞机上的设备）等分支缺少申请；韩国偏重 B64C（飞机、直升机），涉及整体设计。

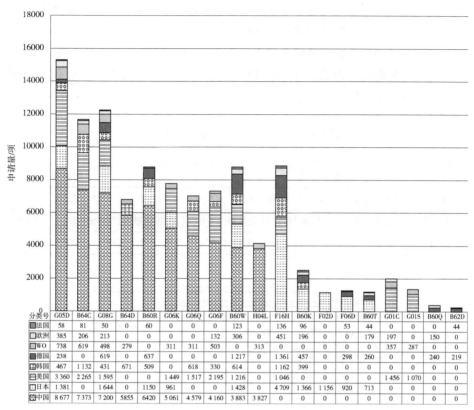

分类号	G05D	B64C	G08G	B64D	B60R	G06K	G06Q	G06F	B60W	H04L	F16H	B60K	F02D	F06D	B60T	G01C	G01S	B60Q	B62D
法国	58	81	50	0	60	0	0	0	123	0	136	96	0	53	44	0	0	0	44
欧洲	385	206	213	0	0	0	0	132	306	0	451	196	0	0	179	197	0	150	0
WO	738	619	498	279	0	311	311	503	0	313	0	0	0	0	0	357	287	0	0
德国	238	0	619	0	637	0	0	0	1217	0	1361	457	0	298	260	0	0	240	219
韩国	467	1132	431	671	509	0	618	330	614	0	1162	399	0	0	0	0	0	0	0
美国	3360	2265	1595	0	0	1449	1517	2195	1216	0	1046	0	0	0	0	1456	1070	0	0
日本	1381	0	1644	0	1150	961	0	0	1428	0	4709	1366	1156	920	713	0	0	0	0
中国	8677	7373	7200	5855	6420	5061	4579	4160	3883	3827	0	0	0	0	0	0	0	0	0

图5-4-9　全球主要国家和地区的 IPC❶ 分布

5.4.2.3　技术原创国全球专利布局情况分析

如图 5-4-10 所示，在整体上，技术原创占比相对较多的国家都是具有一定汽车制造基础的国家，尤其是日本，占比超过了美国，位列第二。而中国是技术原创最多的国家，这与中国成为智能驾驶最大的市场有关。

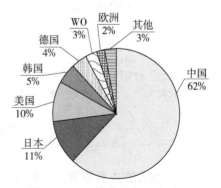

图5-4-10　技术原创国和地区

5.4.2.4　中美专利布局对比分析

如表 5-4-2 所示，中国的申请量

---

❶　国际专利分类表，版本 IPC-2019.01。

第一，但是从特征度和专利度判断，中国的技术实力弱于美国，而日本虽然申请量居于第二位，但是相对美国仍然实力较弱。

如图 5-4-11 所示，美国申请人主要是企业类型申请人，而且领域广泛，既有传统汽车企业，也有人工智能硬件和软件提供商，分布较为优化。大疆和百度两个中国申请人也在美国提出较多申请。

表5-4-2 中国、美国、日本实力对比

国家	专利度	特征度	授权专利度	授权特征度	有效率	失效率	等待期	生命期	付费期	同族度	同族国家数	被引用度
中国	8.54	25.29	7.39	38.14	0.85	0.15	2.8	5.7	2.2	1.25	2.36	1.42
日本	5.88	21.87	6.11	25.09	无数据	无数据	4.6	无数据	无数据	1.06	3.2	2.68
美国	19.33	17.48	17.79	17.47	0.88	0.12	2.4	7.4	7.4	17.41	2.85	12.07

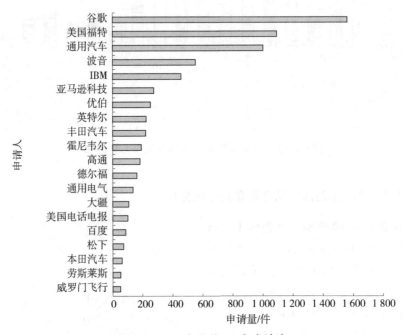

图5-4-11 在美前20名申请人

5.4.2.5 各分支主要申请人布局区域和布局重点分析

如图 5-4-12 所示，在整体上，各国申请人都比较重视在本国的布局，在本国布局的数量最多。同时，如丰田汽车、现代汽车等较为大型的汽车

制造企业，也积极在海外布局，如丰田汽车、现代汽车在中国的布局超过在美国的布局。可见，中国市场对其重要性。而传统的科技企业虽然涉足此领域，并且排名靠前，但是在中国和其他国家或地区都布局较少。在排名扩展到 20 名之外时，出现了奇瑞汽车等国内申请人，他们主要是在国内布局，而国外布局很少。

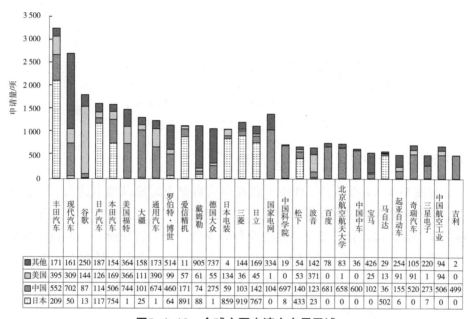

	丰田汽车	现代汽车	谷歌	日产汽车	本田汽车	美国福特	大疆	通用汽车	罗伯特·博世	爱信精机	戴姆勒	德国大众	日本电装	三菱	日立	国家电网	中国科学院	松下	波音	百度	北京航空航天大学	中国中车	宝马	马自达	起亚自动车	奇瑞汽车	三星电子	中国航空工业	吉利
其他	171	161	250	187	154	364	158	173	514	11	905	737	4	144	169	334	19	54	142	78	83	36	426	29	254	105	220	94	2
美国	395	309	144	126	169	366	111	390	99	57	61	55	134	36	45	1	0	53	371	0	1	0	25	13	91	91	1	94	0
中国	552	702	87	114	506	744	101	674	460	171	74	275	59	103	142	104	697	140	123	681	658	600	102	36	155	520	273	506	499
日本	209	50	13	117	754	1	25	1	64	891	88	1	859	919	767	0	8	433	23	0	0	0	0	502	6	0	7	0	0

图5-4-12 全球主要申请人布局区域

5.4.3 无人机全球专利状况分析

5.4.3.1 全球和中国申请态势分析

如图 5-4-13 所示，全球和中国的申请态势基本一致。无人机的发展是从 2013 年开始快速增长的，而且之后的增长态势一直较快。

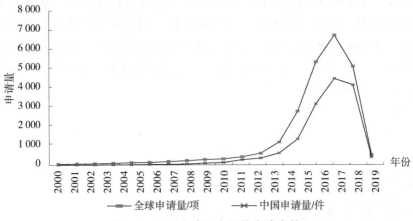

图5-4-13 全球和中国的申请态势

5.4.3.2 全球和中国主要申请人分析

如图 5-4-14 所示，深圳市大疆在申请数量上远超其他申请人。在整体上，国外申请人比国内申请人数量少，但是集中于企业。国内申请人虽然上榜数量较多，但是有一部分是高校及科研院所，技术转化所带动的技术优势并不明显。在前 20 名申请人中，还有一部分新创型企业，虽然企业规模不大，但是专利数量和技术实力可能会成为未来技术突破的主力军。

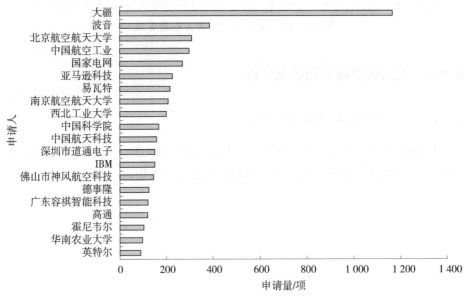

图5-4-14 全球申请人

如图 5-4-15 所示，在华申请中，大疆作为市场和技术的佼佼者名列第一。国内申请中整体上以科研院所和高校居多，并且前 20 名企业中新创型企业增多。新创型企业的技术优势可以继续被发掘。国内可通过政策进行鼓励，以培育更多独角兽企业。

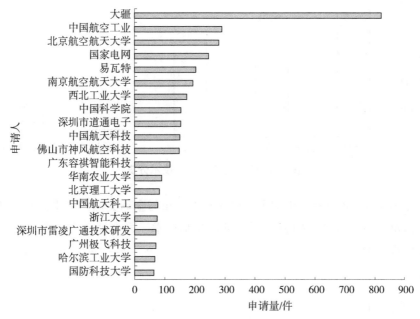

图5-4-15　中国申请人

5.4.3.3　全球和中国布局区域分析

如图 5-4-16 所示，无人机的市场中国占比较大，其次是美国。中国和美国共占据了市场的 80%。这与中国和美国对无人机的迫切需求相关，尤其是消费型的无人机。

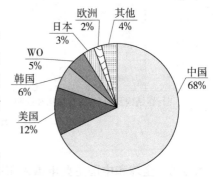

图5-4-16　目标市场国和地区

5.4.3.4　全球和中国主要技术分支分析

如图 5-4-17 所示，无人机共有 5 个主要分支，在全球申请中飞行器结构及动力数量最多，是研发重点。其次是云台控制，大疆能够占据市场主要地位，除了优秀的工业设计外，稳定的云台控制也是其成功的主要因素之一。而电池动力作为能源提供,和领域的关联度较小,申请相对较少。

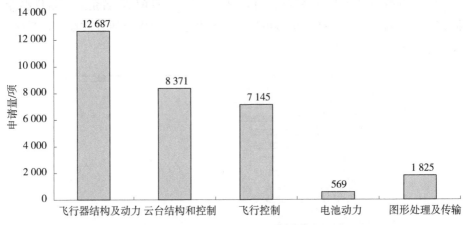

图5-4-17　全球无人机技术分支

如图5-4-18所示,中国无人机的技术分布与全球类似,主要发力于飞行器结构及动力、云台结构和控制、飞行控制技术,而电池动力、图形处理及传输相对较少。

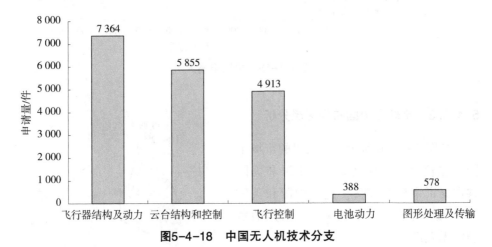

图5-4-18　中国无人机技术分支

5.4.3.5　全球和中国主要申请人布局重点及法律状态分析

如图5-4-19所示,大疆的申请远超其他申请人,并且在研发方向上相对均衡,对无人机相关的主要技术分支都有涉及。而国外申请人的主要方向是飞行器结构及动力，其次是云台结构和控制。国内申请人中国家电网、南京航空航天大学等，对飞行控制申请较多。这是因为这些申请人主要是对无人机的使用，通过飞行控制以稳定、快速地解决场景问题，对结构、动力、云台研发发力小。

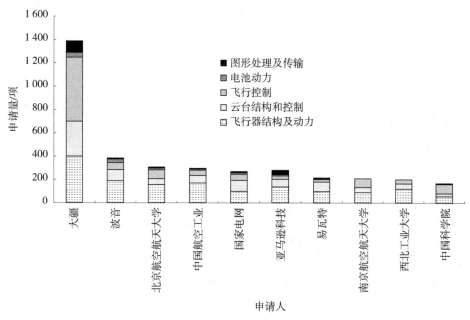

图5-4-19　全球主要申请人技术分支分布

如表 5-4-3 所示，大疆的技术实力最强，并且从生命期的数据看，授权专利刚开始发挥作用。可以预期，大疆的专利能够为其开拓市场保驾护航。大疆也积极进行了对外布局，同族度也相对较高。相对来说，南京航空航天大学、西北工业大学等无人机场景应用的类型专利申请保护力度较弱。

表 5-4-3　全球主要申请人实力对比

申请人	专利度	特征度	授权专利度	授权特征度	有效率	失效率	公开率	撤回率	驳回率	授权率	生命期	同族度	同族国家数	被引用度
大疆	60.18	10.39	35.72	15.16	1.00		0.57	0.00	0.03	0.97	3.10	4.19	2.64	1.12
波音	18.48	12.96	19.01	13.96	0.99	0.01	0.26			1.00	5.10	8.32	3.88	6.42
北京航空航天大学	5.53	41.51	4.38	54.58	0.61	0.39	0.35	0.09	0.05	0.87	4.10	0.58	0.58	4.04
中国航空工业	5.47	23.76	5.04	33.31	1.00		0.55	0.29	0.11	0.60	3.00	0.26	0.26	1.44
国家电网	7.46	28.06	6.81	41.71	0.96	0.04	0.58	0.05	0.18	0.76	2.10	0.32	0.32	2.95
亚马逊科技	18.87	15.61	19.83	14.70	1.00		0.26			1.00	3.20	3.83	2.40	5.59
易瓦特	8.90	21.20	6.64	33.10	1.00		0.79	0.11		0.89	1.11	0.23	0.22	0.12
南京航空航天大学	5.82	29.73	4.53	45.58	0.89	0.11	0.56	0.28	0.07	0.65	3.10	0.29	0.29	3.19
西北工业大学	3.86	42.33	3.21	47.77	0.88	0.12	0.61	0.23	0.04	0.73	2.80	0.29	0.29	1.54
中国科学院	8.22	23.97	6.17	35.92	0.92	0.08	0.57	0.22	0.03	0.75	3.40	0.31	0.31	2.93
中国航天科技	7.21	26.65	5.79	36.31	0.95	0.05	0.47	0.06	0.07	0.87	3.40	0.45	0.45	1.70
深圳市道通电子	17.66	10.30	12.92	18.54	1.00		0.88	0.22	0.06	0.72	1.90	0.90	1.23	0.44
IBM	18.55	13.10	17.28	14.26	0.98	0.03	0.47			1.00	3.20	1.68	0.74	8.44

续表

申请人	专利度	特征度	授权专利度	授权特征度	有效率	失效率	公平率	撤回率	驳回率	授权率	生命期	同族度	同族国家数	被引用度
佛山市神风航空科技	7.00	25.87	6.30	47.50	0.90	0.10	0.87	0.50		0.50	1.7	0.07	0.07	0.09
德事隆	18.63	13.93	18.70	16.08	1.00		0.22	0.02	0.03	0.95	5.8	8.22	3.22	1.99
高通	27.94	11.24	27.79	13.04	1.00		0.46			1.00	2.7	4.18	3.77	2.10
广东容祺智能科技	5.16	21.58	4.60	18.20	1.00		0.93		0.38	0.63	2.0	0.06	0.07	0.17
歌尔声学	10.35	13.92	9.00	21.75	1.00		0.94			1.00	1.8	0.25	0.34	0.20
霍尼韦尔	14.60	13.20	18.11	15.26	0.75	0.25	0.21	0.03		0.97	8.9	3.51	2.69	14.36
华南农业大学	8.96	25.44	8.35	35.55	1.00		0.60	0.08	0.08	0.84	2.8	0.33	0.34	2.06
英特尔	22.19	12.48	23.89	16.11	1.00		0.73			1.00	2.2	1.13	1.34	2.04

注：表格空白处表示未提取到相关的数据。

5.4.4 无人机重点对比分析

5.4.4.1 全球和中国不同类型申请人布局重点分析

如图5-4-20和图5-4-21所示,全球申请人和中国申请人中都是企业占据大多数,而大学和科研院所比例也相对较高,达到1/4。中国申请人中个人占比要稍多于全球个人占比。

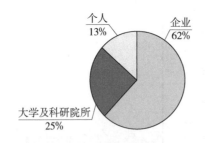

图5-4-20 全球申请人类型

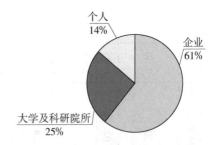

图5-4-21 中国申请人类型

5.4.4.2 技术原创国全球专利布局情况分析

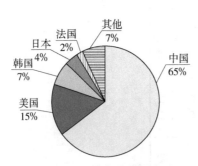

图5-4-22 技术原创国占比

如图5-4-22所示,中国的技术原创占比较大。在无人机领域,中国具有较多的专利数量。

5.4.4.3 中美发展策略对比分析

如表5-4-4所示,从专利度和特征度对比上,中国申请的整体技术实力要弱于美国。授权专利特征度也说明中国申请的专利的保护范围偏小。虽然中国无人机因为拥有大疆公司的支撑,技术实力较强,但是无人机单独的技术分支不足以撑起整个智能驾驶行业,其他包括无人驾驶、无人船等都需要努力赶上。中国申请的付费期明显短于美国付费期,说明中国申请人在得到专利授权后维持专利有效的时间很短。中国与美国的同族国家数相差不多,说明在智能驾驶领域中国申请的海外布局意识较强,但是通过引用度的比较,中国专利技术的基础性明显弱于美国专利。

表5-4-4　中美实力对比

申请人	专利度	特征度	授权专利度	授权特征度	授权率	生命期	同族度	同族国家数	被引用度
前30名申请人	12.97	20.87	11.145	27.839	0.78	3.1	1.68	1.20	2.49
全体申请人	1.72	61.18	27.880	1.740	0.41	无数据	1.19	3.00	0.24
中国	11.07	24.35	8.380	36.830	0.64	2.6	0.61	0.46	1.06
美国	20.32	14.52	19.490	15.890	0.98	4.3	6.94	2.57	7.58

5.4.4.4　各分支主要申请人布局区域和布局重点分析

1.　大疆申请状况分析

大疆整体申请量持续增长，在 2013 年出现申请量的大增，从 2014 年开始申请量飞速增长，其中涉及人工智能领域的申请也是逐年增多。前期整个行业基础专利储备较少，技术的商业化应用即将爆发，是专利布局的最佳时机。大疆抓住了这一时机，进行长达五六年的技术研发和专利积累，并且如图 5-4-23 大疆融资和销售额所示，大疆借助融资的资金力量先期进入消费无人机市场，从而在市场销售额上逐年提升，赢得竞争优势。

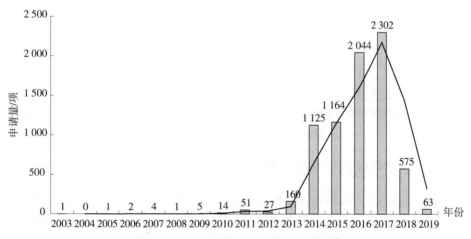

图5-4-23　大疆申请态势及产业数据❶

---

❶　前瞻经济学人 App。

2. 大疆的竞争对手——道通申请状况分析

如图 5-4-24 和图 5-4-25 所示，道通公司的整体申请状况和大疆基本相同，只是在时间上晚于大疆，并且申请量偏少，所以在市场上相对于大疆一直处于弱势。

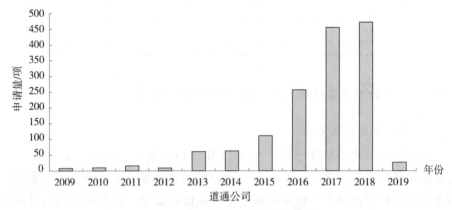

图5-4-24 道通公司的申请态势

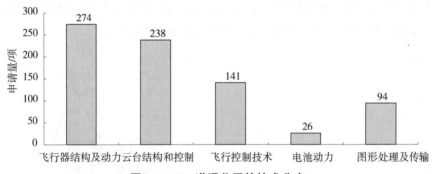

图5-4-25 道通公司的技术分支

5.4.5 自动驾驶汽车全球专利状况分析

自动驾驶汽车（Self-driving Car），又称"无人驾驶汽车"（Driverless Car）、"电脑驾驶汽车"或"轮式移动机器人"，是指在不需要测试驾驶员执行物理性驾驶操作的情况下，能够对车辆行驶任务进行指导与决策，并代替测试驾驶员操控行为使车辆完成安全行驶，是一种通过电脑系统实现无人驾驶的智能汽车。自动驾驶汽车利用车载传感器来感知车辆周围环境，并根据感知所获得的道路、车辆位置和障碍物信息，控制车辆的转向和速度，从而使车辆能够安全、可靠地在道路上行驶。

5.4.5.1　全球和中国申请态势分析

自动驾驶汽车行业自 2000 年以来全球和中国的专利申请态势见图 5-4-26。其中，由于专利申请公开制度的规定，2018 年以后申请的部分专利申请还未公开，因此 2018 年和 2019 年的申请量统计不完全，特以虚线表示。经过自动驾驶技术的发展萌芽期，从 2000 年到 2009 年，世界各国在自动驾驶方面加大了研发力度。这段时期是技术的平稳增长期。2010 年之后，自动驾驶汽车行业专利申请量快速增长。中国专利申请态势与全球专利申请态势基本保持一致。自 2013 年起，中国专利申请量与全球专利申请量之间的差距明显缩小（见表 5-4-5）。

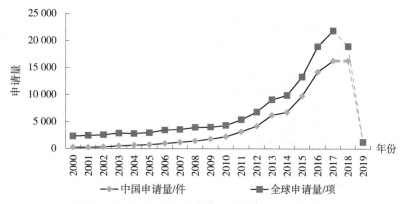

图5-4-26　自动驾驶汽车全球和中国申请态势

表5-4-5　自动驾驶汽车全球和中国申请量对比

年度	全球申请量/项	中国申请量/件	年度	全球申请量/项	中国申请量/件
2000	2 290	222	2010	4 325	2 205
2001	2 413	237	2011	5 400	3 136
2002	2 558	317	2012	6 828	4 192
2003	2 856	504	2013	9 086	6 223
2004	2 804	618	2014	9 879	6 783
2005	2 949	727	2015	13 288	9 757
2006	3 457	951	2016	18 932	14 217
2007	3 571	1 194	2017	21 867	16 293
2008	3 949	1 422	2018	18 974	16 285
2009	4 006	1 771	2019	1 225	1 191

5.4.5.2 全球和中国主要申请人分析

自动驾驶汽车行业全球主要申请人排名情况见图5-4-27。申请量排名前20的申请人中，有11个知名汽车企业，分别是现代、丰田、日产、戴姆勒、本田、福特、通用、马自达、宝马、大众和富士重工，有德国 ZF、电装、罗伯特·博世、爱信、日立等世界百强零部件企业，还有谷歌、百度等互联网企业。

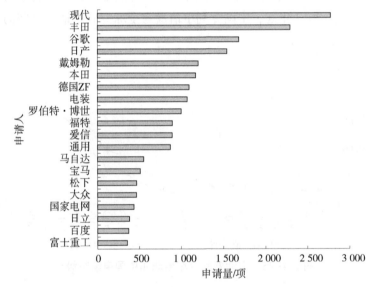

图5-4-27 自动驾驶汽车行业全球申请人排名

自动驾驶汽车行业来华专利申请的主要申请人排名情况见图5-4-28。申请量排名前20的申请人中，有知名汽车企业7个，其中外国汽车企业5个，分别是通用、现代、福特、丰田、本田，中国汽车企业2个，分别为吉利和奇瑞，有罗伯特·博世、三星等世界百强零部件企业，国内互联网企业百度排名第四，无人驾驶技术领域的国内知名公司大疆位列第15。此外，还有来自国内的7所高校。

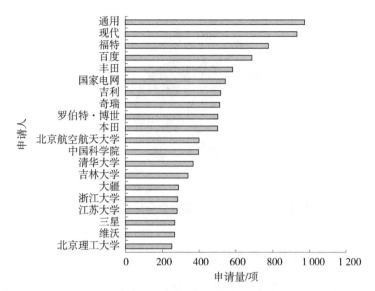

图5-4-28 自动驾驶汽车行业中国申请人排名

5.4.5.3 全球和中国布局区域分析

图 5-4-29 显示了全球自动驾驶汽车行业专利申请的首次申请分布。可以明显看出，在专利申请的数量上，全球自动驾驶汽车行业专利申请国（地区/组织）之间存在明显的差距，排名前 3 位的是中国、日本和美国，中国排名第一，专利总公开数量大约是美国的 2 倍。

自动驾驶汽车行业专利申请的目标国/地区分布见图 5-4-30。中国作为最主要的目标国，占比 41%，其次为日本和美国。专利申请的目标国或地区反映了申请人对该国市场的重视程度，重要的市场需要辅以良好的专利布局。

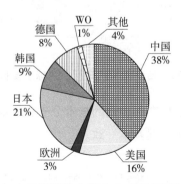

图5-4-29 自动驾驶汽车行业全球原创国和地区占比

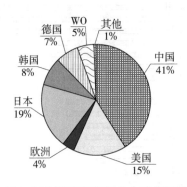

图5-4-30　自动驾驶汽车行业全球目标市场占比

5.4.5.4　全球和中国主要技术分支分析

　　自动驾驶汽车行业涉及的主要技术包括智能芯片，转向控制、动力控制和车辆配件控制等智能控制技术，基于传感器检测的智能感知技术，人机交互，地图、定位、导航等路径规划技术，车载通信 V2X 技术，汽车安全技术，资讯服务、影音娱乐等车联技术。自动驾驶汽车行业全球专利申请的技术分支分布如图 5-4-31 所示，申请量较大的技术分支分别为智能芯片、智能控制、智能感知、路径规划、车载通信。❶

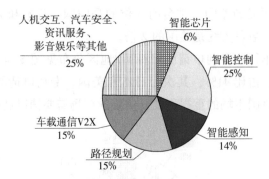

图5-4-31　自动驾驶汽车行业全球主要技术分支

　　自动驾驶汽车行业来华专利申请的技术分支分布如图 5-4-32 所示，技术分支分布情况与全球分布情况基本一致。

----

　　❶ 参见：2015 年度国家知识产权局专利分析和预警项目 "跨国企业智能汽车专利动向分析和预警" 研究报告。

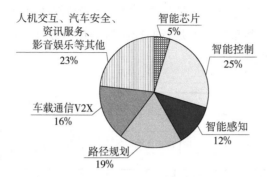

图5-4-32　自动驾驶汽车行业中国区域主要技术分支

自动驾驶汽车行业中国专利申请的技术分支分布如图 5-4-33 所示。可以看出，中国专利申请的技术分支分布情况与全球分布情况保持一致。由此说明，中国专利申请的技术发展趋势与全球保持一致。

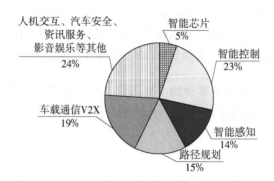

图5-4-33　自动驾驶汽车行业中国主要技术分支分布

5.4.6　自动驾驶汽车重点对比分析

5.4.6.1　全球和中国优劣势分支对比分析

图 5-4-34 显示出全球主要国家、地区或组织在自动驾驶汽车行业的五大技术分支的专利分布情况，从中可以看出：

（1）各主要技术分支的专利申请均主要集中在中国、美国、日本和欧洲。

（2）中国在车载通信 V2X 技术的专利申请中占比优势明显，智能芯片技术依然薄弱。

（3）美国在智能芯片和智能感知技术分支中专利申请量均列在首位，各主要技术分支的专利布局较为均衡。

（4）日本的专利布局重点是智能控制、智能感知和路径规划等技术分支。

（5）欧洲的专利布局重点是智能控制这一技术分支，智能芯片技术分支的专利申请量较少。

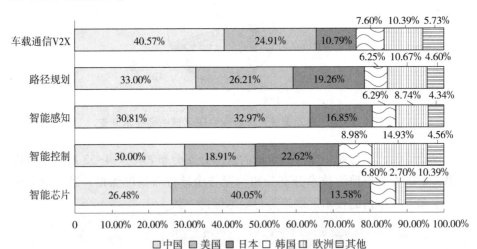

图5-4-34　自动驾驶汽车行业全球主要技术分支

图5-4-35显示出来华申请的主要国家、地区或组织在自动驾驶汽车行业的五大技术分支的专利分布情况。明显看出，在各技术分支中，中国申请占比最多。

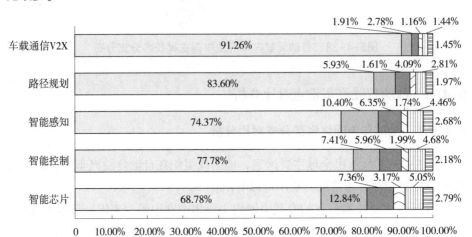

图5-4-35　自动驾驶汽车行业中国主要技术分支

5.4.6.2　中美专利布局对比分析

1.　申请态势对比

自动驾驶汽车行业自 2000 年以来中国和美国的专利申请态势见图 5-4-36，从中可以看出：

（1）中国和美国在自动驾驶汽车行业的专利申请量均呈现增长趋势，自 2014 年至今为快速增长期。

（2）2008 年以前，中国申请量小于美国申请量；自 2009 年起，中国申请量超过美国申请量，并快速增长，2017 年的中国申请量已远超美国。

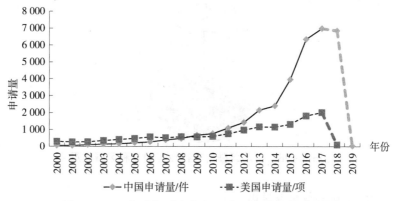

图5-4-36　自动驾驶汽车行业中国和美国申请态势

2.　专利布局区域对比

自动驾驶汽车行业自 2000 年以来中国和美国的专利布局区域情况见图 5-4-37 和图 5-4-38。从中可以看出，中国专利申请的布局极为不均衡，绝大部分布局在本国，国外布局占比只有 5%；相比而言，美国专利申请的布局较为合理，本国布局占比约为 50%，其余分布在欧洲、中国、日本、WO 等多个国家、地区或组织。

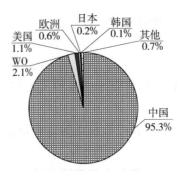

图5-4-37　自动驾驶汽车行业中国专利区域布局

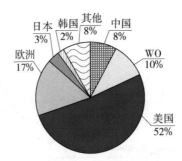

图5-4-38　自动驾驶汽车行业美国专利区域布局

3．专利申请法律状态对比

自动驾驶汽车行业自2000年以来中国和美国的专利申请法律状态情况见图5-4-39。在总的申请量上，中国的申请量高于美国申请量，约为美国申请量的2倍；但在授权率上，中国专利申请的授权率明显低于美国专利申请的授权率。由此可见，中国专利申请的质量低于美国专利申请。

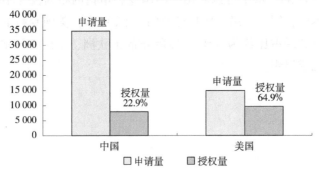

图5-4-39　自动驾驶汽车行业中国和美国法律状态对比

5.4.6.3　各分支主要申请人布局区域和布局重点分析

自动驾驶汽车行业各技术分支的全球主要申请人排名情况见图 5-4-40 至图 5-4-44，从中可以看出：

（1）各技术分支中，均位列前 10 的有谷歌、丰田、通用、福特和博世。

（2）智能芯片技术分支的主要申请人中，谷歌排名第一位，且优势明显；中国企业百度位列第五。

（3）智能控制技术分支的主要申请人中，位列前 10 的申请人均为传统知名汽车企业及世界百强零部件企业，丰田排名第一。

（4）智能感知技术分支位列前 10 的申请人中，有两位为中国申请人，分别是百度和大疆。

（5）路径规划技术分支的主要申请人中，谷歌和丰田分列第一位和第二位，百度位列第 10。

（6）车载通信 V2X 技术分支的主要申请人中，谷歌排名第一，中国申请人百度和优步分别位列第八和第九。

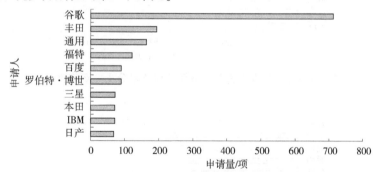

图5-4-40　自动驾驶汽车智能芯片技术分支主要申请人

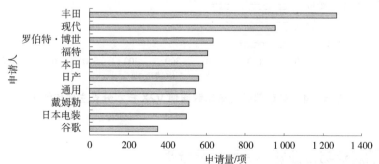

图5-4-41　自动驾驶汽车智能控制技术分支主要申请人

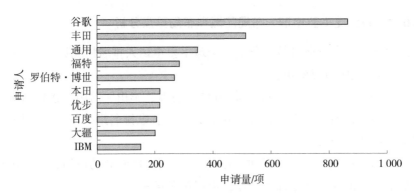

图5-4-42　自动驾驶汽车智能感知技术分支主要申请人

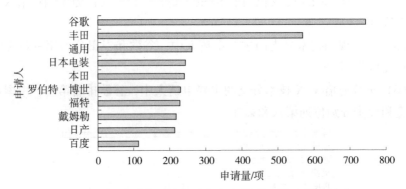

图5-4-43　自动驾驶汽车路径规划技术分支主要申请人

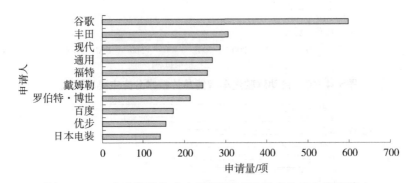

图5-4-44　自动驾驶汽车车载通信 V2X 技术分支主要申请人

5.5　智能安防行业整体专利状况分析

安防行业是人工智能落地较好的应用领域之一。智能安防以图像、视频数据为核心，海量的数据来源满足了算法和模型训练的需求。同时，人工智能技术为安防行业的事前预警、事中响应和事后处理提供了技术保障。

　　智能安防与传统安防的最大区别在于智能化。传统安防对人的依赖性比较强，而智能安防能够通过机器实现智能判断，实现实时的安全防范和预测处理。随着高清视频、智能分析等技术的发展，安防行业的主流技术趋势逐渐从被动防御向自动判断和主动预警发展。

5.5.1　全球和中国专利状况分析

5.5.1.1　全球和中国申请态势分析

　　如图 5-5-1 所示，智能安防领域的全球专利申请量自 2000 年以来呈现逐步上升态势，全球专利申请量在 2012 年达到顶峰后有小幅下降，2015 年开始再次呈现上升趋势。中国专利申请量则一直呈现稳步上升态势。2018年和 2019 年的全球和中国专利申请量由于公开滞后等原因均呈现一定程度的下降。

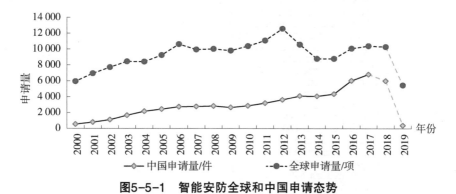

图5-5-1　智能安防全球和中国申请态势

5.5.1.2　全球和中国主要申请人分析

　　如图 5-5-2 和图 5-5-3 所示，智能安防领域全球专利申请量排名前 20的申请人多为国外大型企业，如索尼、松下、佳能、三星、富士、IBM、东芝等。中国专利申请量排名前 20 的申请人除上述大型企业外，海康威视、大华股份、宇视科技、中星微等国内安防领域的龙头企业也位列其中。

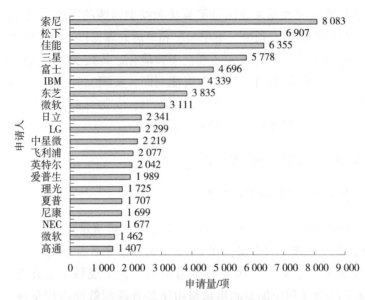

图5-5-2 智能安防全球申请人排名

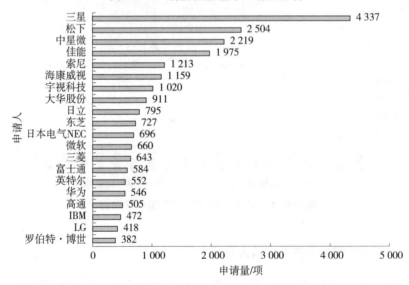

图5-5-3 智能安防中国申请人排名

5.5.1.3 全球和中国布局区域分析

如图5-5-4所示，智能安防领域的技术原创国集中于美国、日本和中国，其中美国作为技术原创国达到了58 653项，占比34%；日本作为技术原创国位列第二，共54 533项，占比32%；中国作为技术原创国排名第三，共37

919 项，占比 22%。而全球安防市场的主要厂商也主要分布在这三个国家，企业研发的优势力量有力推动了安防领域的技术创新。此外，韩国和欧洲在该领域也有一定数量的创新技术产出。

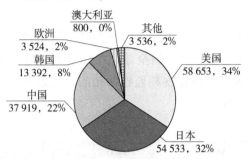

图5-5-4　智能安防全球原创国家和地区占比

如图 5-5-5 所示，从全球专利申请的地域分布来看，美国、日本、中国、韩国和欧洲是智能安防领域的专利布局主要区域。此外，印度、加拿大等国家和地区也有一定数量的专利布局。专利布局目标国的分布态势与全球主要安防市场的分布是一致的。

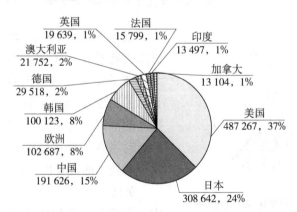

图5-5-5　智能安防全球目标市场占比

5.5.1.4　全球和中国申请关键技术点分析

智能安防的核心在于利用人工智能技术对视频监控和图像数据进行实时分析，识别安全隐患、探测异常信息、进行风险预测。安防系统的智能化水平取决于识别的准确性、报警的可靠性、联机分析的实时性等多方面因素。这些功能的实现既依赖于目标识别、人脸识别、运动分析等计算机视觉感知技术，又取决于决策模型、机器学习、知识推理等计算机认知技术。此外，日益增长的海量数据及智能分析前端化的发展趋势，对海量视频数据的存储、索引和管理效率也提出越来越高的要求，视频结构化也成为安防智能化的重要支撑技术。

目标识别、出入口控制、异常报警和视频结构化是智能安防领域的 4 个重要技术分支。这 4 个技术分支的全球和中国专利申请占比情况如图 5-5-6 所示。目标识别技术是智能化视频监控的核心，也是全球和中国专利申请量中占比最大的技术分支。

图5-5-6 智能安防主要技术分支分布

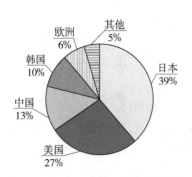

图5-5-7 图像运动分析技术全球原创国家和地区占比

近年来，计算机认知技术发展迅猛，计算机视觉取得了突破性进展，从而大大提高了安防领域对人脸、车牌等静态目标的识别准确率。静态目标识别技术提高的同时，为了适应实际应用中的复杂运动场景，针对连续视频帧的图像运动分析技术的重要性日益突显。

如图 5-5-7 所示，在智能安防领域中，全球专利数据中涉及图像运动分析的专利申请量约为 19 754 项。其中，7 629 项专利申请来源于日本，5 353 项专利申请来源于美国，2 587 项专利申请来源于中国，1 947 项专利申请来源于韩国，1 304 项专利申请来源于欧洲。日本申请人占比明显高于其他国家和地区。

如图 5-5-8 所示，从技术输出国的分布情况来看，同时以中国和美国为目标国的申请为 4 702 项，同时以中国、美国、日本为目标国的申请有 3 105 项，同时以中国、美国、欧洲、日本、韩国为目标国家和地区的有 1 262 项。

可见，中国不仅是智能安防领域整体专利布局的重点区域之一，在图像运动分析这一关键技术上，也是全球申请人极为关注的重点布局区域。

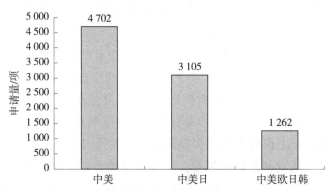

图5-5-8　图像运动分析技术全球专利布局对比

国内外主要安防厂商在图像分析领域，尤其是图像运动分析这一关键技术上的专利申请情况如表5-5-1所示。

表5-5-1　全球和中国态势申请量对比

主要申请人	图像处理技术 相关全球申请量/项	图像运动分析 关键技术相关全球申请量/项
索尼	2 387	832
三星	1 395	657
松下	1 027	320
日立	901	375
罗伯特·博世	161	108
霍尼韦尔	83	52
海康威视	153	92
大华股份	136	100
宇视科技	88	54

5.5.1.5　中国主要申请人布局重点、专利法律状态分析

海康威视、大华股份和宇视科技作为国内安防行业的3家龙头企业，全球市场占有率均占据行业前列。海康威视（全球市场份额排名第一）和大华股份由安防设备厂商逐步转型为安防整体解决方案提供商，带领国内安防产

业从模拟视频升级为数字视频、由传统安防走向智能安防；宇视科技的前身是 H3C（华三）通信公司的存储和多媒体事业部，也是我国智能监控和网络监控的先行者，因此，我们选取这 3 家龙头企业，对其专利布局情况加以分析。

如图 5-5-9 所示，从时间维度来看，3 家企业的专利申请起始时间都较晚，除了海康威视在 2002 年有 1 项申请、大华股份在 2004 年有 1 项申请外，3 家企业的专利申请量从 2008 年才正式起步，并呈现出逐年稳步增长态势。从技术分布维度来看，3 家企业的专利申请均以视频监控设备及其通信和控制系统为主，在视频图像分析处理和异常情况报警等技术点上也分布有一定数量的专利申请。从专利授权率来看，海康威视拥有 478 件专利，授权率约为 41%；大华股份拥有 354 件专利，授权率约为 38%；宇视科技拥有 694 件专利，授权率约为 68%，明显高于国内申请人的平均专利授权率。

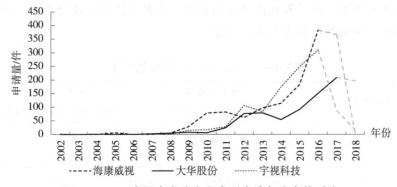

图5-5-9　3家国内龙头企业专利申请年度态势对比

国内专利申请数量逐年增长的同时，3 家企业也通过 PCT 途径开始进行海外专利布局。其中，海康威视拥有 284 项 PCT 申请，大华股份拥有 56 项 PCT 申请，宇视科技拥有 18 项 PCT 申请。

与三星、索尼、日立等国外安防业巨头全面开花、全球布局形成鲜明对比的是，3 家国内龙头企业的海外专利布局整体薄弱。从专利布局的地域分布来看，3 家企业除了通过 PCT 途径在美国、欧洲进行了一定数量的布局外，仅在日本、韩国、西班牙有零星专利布局。这与其位居前列的全球市场占有率相比，专利保护力度明显不足，海外专利布局亟须加强（见图 5-5-10）。

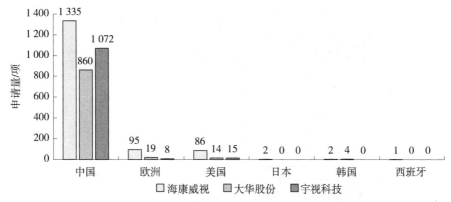

图5-5-10　3家国内龙头企业全球专利布局对比

5.5.2　重点对比分析

5.5.2.1　全球优劣势分支对比分析

智能安防目前涵盖众多领域，如街道社区、道路、楼宇建筑、机动车辆的监控、移动物体监测等。未来，智能安防还要解决海量视频数据分析、存储控制及传输问题，以及将智能视频分析技术、云计算及云存储技术结合起来，构建智慧城市下的安防体系。

近年来，我国涌现出商汤、旷视、云从、依图等一批在计算机视觉领域取得了重大技术突破的新创型企业，并将人脸识别、车辆识别等技术运用于安防行业，成效初显。但是，就智能安防领域用于人流量监控、车辆监控、移动目标监测的图像运动分析技术而言，国内企业现阶段仍处于劣势。

部分专利权人分布情况如图 5-5-11 所示。对国内安防企业而言，智能视频监控的核心技术储备不足，可能成为未来市场竞争中的潜在风险因素。

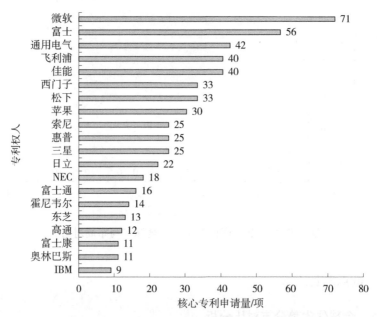

图5-5-11 图像运动分析技术核心专利分布

以韩国的三星公司为例，其657项涉及图像运动分析的专利申请中，430余项已经获得授权。其中，专利存活期在15年以上的有25项，存活期在10~15年的有53项，存活期在5~10年以上的有近90项，上述专利均为视频监控领域运动分析技术的基础专利和核心专利。此外，三星公司的专利申请中还包括被多次引证的重要专利申请，其中同族被引证次数为10项以上的有30余项。由此可见，三星公司在视频分析这一细分领域占据较大的技术优势。

除了三星公司这样的传统优势企业外，以美国的实物视频影像公司（Object Video，简称OV）为代表的小型软件企业同样在视频分析领域具有领先的技术优势。OV公司采取了"少而精"的专利布局策略，自2000年以来其专利申请总量也不过80余项，但是其全球专利布局并不逊色，49项PCT专利申请现已陆续进入多个国家和地区（见图5-5-12和图5-5-13）。

OV公司的专利申请中，被引证频次大于50的有11项（其中8项为存活期较长的重要专利）、被引证频次大于30的有22项、被引证频次大于10的有60项。例如，OV公司一项发明名为"背景模型变化的检测和分类"的专利自提交申请以来，在多个国家被引证次数高达139。OV公司在中国布局的14项专利申请均属于被高频次引证的核心技术。

值得注意的是，OV 公司的专利运营活动频繁，授权专利中大部分均处于转让或许可状态，包括索尼、松下、博世、海康威视在内的多家国内外企业曾在 2014 年获得 OV 公司关于运动影像分析方面的专利许可。

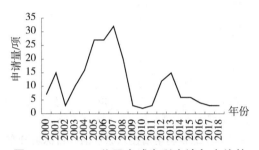

图5-5-12 OV 公司全球专利申请年度趋势

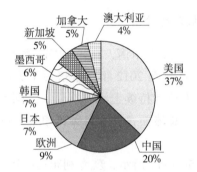

图5-5-13 OV 公司全球专利国家和地区分布

5.5.2.2 技术原创国全球和中国专利布局情况分析

智能安防领域中，中国、美国、日本和欧洲为主要的技术原创国/地区。通过分析这些国家和地区的申请人在全球范围内的专利布局情况可以发现，中国申请人在全球共提交 55 328 项专利申请，本国提交的申请占比高达 82%。美国申请人不仅专利申请产出数量大，全球专利申请达到 257 118 项，而且在全球范围内具有更为广泛的专利布局，其在美国、中国、欧洲和日本布局的专利申请占比分别为 45%、12%、13% 和 8%。此外，日本申请人在全球共提交 182 224 项专利申请，在本国提交的专利申请占比约为 47%，中国、美国和欧洲是其重点布局区域。欧洲申请人虽然专利申请的总体数量相对较少，但是其全球布局区域较为全面（见图 5-5-14）。

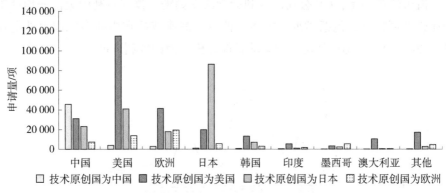

图5-5-14　全球专利申请技术原创国—目标国分布对比

5.5.2.3　中美专利布局对比分析

　　如图 5-5-15 所示，从中美申请人在智能安防领域的专利申请量年度趋势来看，中国申请人从 2000 年至 2012 年一直落后于美国申请人，2012 年以后中国申请人提交的专利申请量持续上涨。然而，美国申请人的申请量则出现了较为明显的下降趋势。总体而言，来自美国申请人的专利申请总量明显高于中国申请人。

　　如图 5-5-16 和图 5-5-17 所示，就专利布局区域而言，中国和美国申请人的专利布局均以中、美、欧、日、韩 5 个国家和地区为重点，但是中国申请人的海外专利申请在总申请量中的占比约为 8.5%，而美国申请人的海外专利申请在总申请量的占比则高达 26%。无论是全球专利布局的数量还是区域，智能安防领域中国的专利储备相较于美国处于劣势。

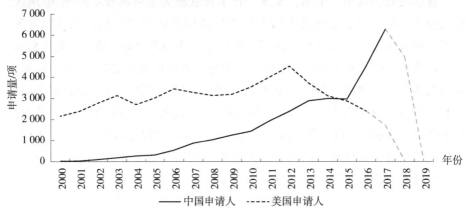

图5-5-15　智能安防中美全球专利申请量对比

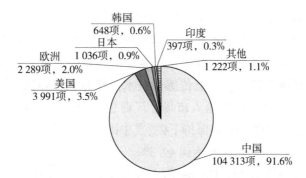

图5-5-16　智能安防中国申请人全球布局区域

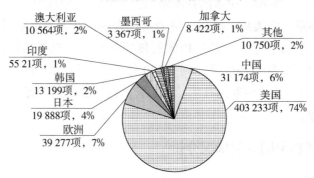

图5-5-17　智能安防美国申请人全球布局区域

5.6　智能家居行业整体专利状况分析

智能家居是以住宅为平台，基于物联网技术，由硬件（智能家电、智能硬件、安防控制设备等）、软件系统、云计算平台构成的一个家居生态圈。智能家居包括家居生活中的多种产品，涵盖多个家居系统，可实现远程设备控制、人机交互、设备互联互通、用户行为分析和用户画像等功能，并通过收集、分析用户行为数据为用户提供个性化生活服务，使家居生活安全、舒适、节能、高效、便捷。智能家居将逐步实现自适应学习和控制功能，以满足不同家庭的个性化需求。例如，借助语音识别和自然语言处理技术，用户通过说话即可实现对智能家居产品的控制，如语音控制开关窗帘和窗户、照明系统、调节音量、切换电视节目等操作；借助机器学习和深度学习技术，智能电视、智能音箱等可以根据用户订阅或者收看的历史数据对用户进行画像，并将用户可能感兴趣的内容推荐给用户。

我国智能家居经历了较快的历史发展。2000 年开始，国内开始引进一些国外使用电力载波技术的较为简单的智能家居产品。与此同时,天津、上海、深圳等地一些智能家居企业也开始了早期研发。2008—2010年前后,奥运会和世博会的发展带来了新一波智能家居企业兴起的小高潮。2013年至今,随着互联网、物联网的发展,加上传感器技术门槛的大幅降低,行业发展进入了一个新的阶段。大量投资涌入市场,厂商也积极在新产品方向进行探索,预计今后几年这一趋势会一直保持下去。《中国2017年智能家电报告》显示,2017年智能家居产品的渗透率达到49.3%。

国内,华为围绕HiAI、HiLink两大开放平台和三层结构化产品的战略,打造智能家居生态系统。小米的智能家居生态链已经形成了一套自研、自产、自销的完整体系。以美的、海尔、格力为代表的传统家电企业依托本身庞大的产品线及市场占有率,也在积极向智能家居转型,推进自己的智能战略。2016年中国智能家居市场规模达到1 140亿元人民币,智能家居活跃用户规模达到4 600万。随着物联网技术、人工智能技术的发展,智能家居将成为主流的发展趋势。

5.6.1 全球和中国专利状况分析

5.6.1.1 全球和中国申请态势分析

针对公开日在2000年以后的涉及人工智能技术的发明专利申请,经检索获得全球范围内应用于智能家居行业的有159 105项,中国范围内应用于智能家居行业的有92 750项。如图5-6-1所示,人工智能智能家居全球和中国申请态势是人工智能智能家居发明专利申请在全球及中国范围内的历年申请量趋势,全球趋势与中国趋势总体上保持一致走势。数据显示,2010年以前全球范围和中国范围的申请量都较小,从2011年起全球范围和中国范围的申请量都呈现飞速增长趋势,到2017年分别达到最大的年申请量20 729项和17 312项。由于部分申请还未公开,2018年、2019年的申请量统计不完全。可见,2011年以来应用于智能家居行业的人工智能技术竞争激烈,中国的智能家居行业整体发展速度与全球发展速度也是一致的。

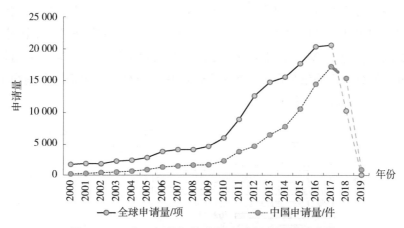

图5-6-1　人工智能智能家居全球和中国申请态势

5.6.1.2　全球和中国主要申请人分析

　　如图 5-6-2 所示，人工智能智能家居全球申请人排名是人工智能智能家居发明专利申请在全球主要申请人排名情况。其中，三星公司在全球范围的申请量上占有绝对优势，达到 17 242 项，排名 2~4 位的华为、谷歌和松下公司，申请量分别为 6 808 项、6 750 项和 6 720 项，没有明显差距。在排名前20 位的全球主要申请人中，中国的华为、百度、小米和腾讯公司榜上有名。

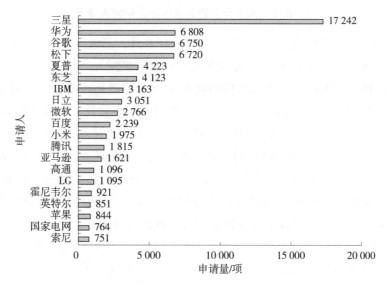

图5-6-2　人工智能智能家居全球申请人排名

如图 5-6-3 所示，人工智能智能家居中国申请人排名是人工智能智能家居发明专利申请在中国主要申请人排名情况。其中，百度公司在中国范围的申请量最多，为 2 724 项，排名第 2 位的华为公司申请量为 2 048 项，排名第三至五位的分别为腾讯公司、三星公司和阿里巴巴公司，申请量分别为 1 687 项、1 497 项和 1 410 项。

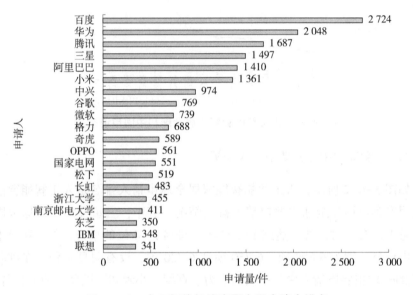

图5-6-3 人工智能智能家居中国申请人排名

三星智能家居称为"三星智家"。2014 年 8 月，三星斥资 2 亿美元收购智能家居开放平台 Smart Things，帮助推动三星"物联网"大计划。Smart Things 的 Smart Things Hub 是一个家居自动化传感器兼控制型产品，可让灯光、门锁、安防等设备接入 Smart Things 平台，供用户集中管控；Smart Things 的技术可帮助用户通过他们的智能手机、智能手表及其他设备控制电器产品，已被视为三星智能家居和"物联网"计划的关键。三星还推出了三星智家合作伙伴计划，让三星智家平台能够介入的产品包含这三类，即三星自有产品、三星智家联合定制产品和三星智家生态伙伴产品。三星公司在全球范围的海量专利申请布局，正体现了其在智能家居领域的踌躇满志。

2019 年，华为宣布华为 IoT 生态战略将全面升级为全场景智慧化战略。华为将围绕 HiAI、HiLink 两大开放平台和三层结构化产品的战略，为行业打造一个丰富多彩的智能家居生态系统。从专利申请方面来看，华为在全球范围的申请量上排名第二位，说明其具有国际视角，立足全球布局。

中国互联网公司三巨头 BAT——百度、阿里巴巴和腾讯，在全球范围和中国范围也都有较多的专利申请量。BAT 作为国内拥有强大的大数据储备的公司，同时又有一定的能力渗透到几乎所有领域的企业，从目前看在智能家居行业的布局具有广阔的市场。

5.6.1.3　全球和中国布局区域分析

如图 5-6-4 所示，人工智能智能家居全球目标市场占比中，美国是全球最大的目标市场，占专利布局总量的 27%，紧随其后的是中国，占专利布局总量的 25%。可见，中国和美国是人工智能智能家居行业专利布局热度最大的两个市场，各申请人竞争激烈。此外，日本、韩国和欧洲也是主要的专利布局目标市场。

如图 5-6-5 所示，人工智能智能家居全球原创国和地区占比是人工智能智能家居发明专利申请在全球范围内技术原创国和地区申请量分布情况。其中，原创国为中国的发明专利申请最多，占总量的 34%，充分体现了我国对人工智能智能家居行业的重视程度。原创国为美国的发明专利在申请数量上也不相上下，占总量的 31%。从全球来看，中国、韩国和日本的总和占全球总量的 60%。可见，中、美、日、韩四国几乎占据了人工智能智能家居的全球原创。

图5-6-4　人工智能智能家居
全球目标市场占比

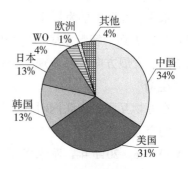

图5-6-5　人工智能智能家居
全球原创国和地区占比

相比图 5-6-5 人工智能智能家居全球原创国和地区占比，原创申请量达到全球 34% 的中国，在图 5-6-6 人工智能智能家居 PCT 申请占比中，中国的 PCT 申请量只占全球的 15%，而美国的 PCT 申请量超过全球总量的一半。可见，尽管中国的专利申请量很大，但美国的 PCT 申请量大大超过中国。在人工智能智能家居行业，尽管中国专利申请量排名全球第一，但在专利质量、全球布局等方面，与美国还有很大的差距。

图5-6-6　人工智能智能家居 PCT 申请占比

5.6.1.4　全球和中国主要技术分支分析

物联网是通过射频识别（RFID）、红外传感器、全球定位系统（GPS）、激光扫描等信息传感设备按约定的协议把任意物品与互联网连接起来，进行信息交换和通信，以实现智能化识别、定位、监控和管理的一种网络。物联网的支撑技术融合了传感器、射频识别、计算机、通信网络以及电子等多种技术。这些技术对智能家居的影响无处不在，家居设备经过传感器联网技术遍及大部分子系统，可以说很多智能家居的子系统已经是物联网形态。从概念上来说，物联网的发展重新定义了智能家居的概念，把智能家居从"数字家庭"升级到"智慧家居"这个层次。其中的意义重大，其对智能家居的市场空间、发展方向、产业规模等进行了拓宽和延伸，给智能家居带来了第二次"生命"。

在万物互联的物联网时代，很多科技界人士都认为，语音交互也将成为主流的交互方式。20 世纪 90 年代末，IBM 推出了第一款商品化的语音识别系统 ViaVoice。2011 年，苹果发布 iPhone 4S，Siri 首度亮相。2014 年亚马逊推出了一款搭载自家语音助手 Alexa 的智能音箱 Echo。众多巨头看好智能音箱的原因，一是家居场景更加私密；二是在没有屏幕的情况下，语音交互是非常好的替代选项，如智能眼镜语音交互的黏性就非常高；三是智能音箱可以打通智能家居场景，而这是一个非常有想象力的市场。根据市场调查公司 Canalys 的最新报告显示，2017 年智能音箱全球出货量超过 3 000 万台，预计 2018 年将达到 5 630 万台，显然智能音箱的增长潜力巨大。

表 5-6-1 显示人工智能智能家居行业的技术主题分布情况，在此选取

IPC 分类号作为分析指标。在排名前几位的分类位置下，H04L 29/08、H04L 29/06 和 H04L 12/28 都涉及网络，尤其是局域网的传输控制与交互，也佐证了物联网技术在人工智能智能家居行业的重要地位。此外，G10L 15/22 涉及语音识别，G06F 17/27 涉及语法分析，都是语音识别的基础分类位置。在人机交互的多种交互方式中，只有语音交互位于 IPC 分布前十位。这也说明了智能音箱在人工智能智能家居中的重要产品位置。

表5-6-1　人工智能智能家居全球申请 IPC 分布

IPC 分类号	IPC 含义	申请量/项
G06F 17/30	信息检索；及其数据库结构	30 605
H04L 29/08	传输控制规程，如数据链级控制规程	20 986
H04L 29/06	以协议为特征的	18 513
H04L 12/28	以通路配置为特征的，如 LAN〔局域网〕或 WAN〔广域网〕	5 682
G08C 17/02	用无线电线路	4 841
G10L 15/22	在语音识别过程中（如在人机对话过程中）使用的程序	3 697
G05B 19/418	全面工厂控制，即集中控制许多机器，如直接或分布数字控制（DNC）、柔性制造系统（FMS）、集成制造系统（IMS）、计算机集成制造（CIM）	3 599
H04L 12/24	用于维护或管理的装置	3 279
G06F 17/27	自动分析，如语法分析、正射校正	3 088
H04M 1/725	无绳电话机	3 004

基于上述产业分析及专利数据统计分析，本书在人工智能智能家居行业部分重点统计了人工智能智能家居行业的重点技术——物联网技术及人工智能智能家居的重点产品——智能音箱。

1. 重点技术——物联网技术

针对公开日在 2000 年以后的涉及人工智能技术的发明专利申请，经检索获得全球范围内应用于智能家居领域的物联网技术发明专利申请有 51 849 项，中国范围内应用于智能家居领域的物联网技术发明专利申请有 39 667 项（见图 5-6-7）。

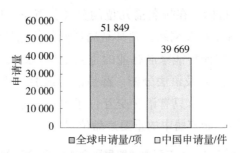

图5-6-7　物联网技术全球和中国申请量

　　图5-6-8物联网技术中国专利申请法律状态显示其授权比例都很低。经进一步的分析发现，这并非是由于专利申请质量不高，而是由于物联网技术相关中国发明专利申请的申请日都在近几年，正处于审查阶段，大多数专利申请还没有获得授权。一方面物联网技术为新兴热点，处于起步上升阶段，对国内企业而言，是进入人工智能智能家居行业的很好的上车站，国内企业应抓住这一有利时机；另一方面针对在审状态的专利申请，尤其是针对主要竞争对手的在审专利申请，相关企业可关注其审查进程，提前防范专利侵权风险。

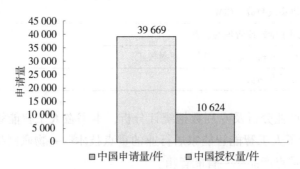

图5-6-8　物联网技术中国专利申请法律状态

　　如图5-6-9所示，与人工智能智能家居发明专利申请在全球范围内技术原创国和地区申请量分布情况大体类似，物联网技术在全球范围内最大的技术原创国和地区也是中美两国。所不同的是，人工智能智能家居发明专利申请原创国为中国的发明专利申请最多，而物联网技术则是原创国为美国的发明专利申请最多。可见，作为人工智能智能家居行业的重要技术，美国的研发能力更强。

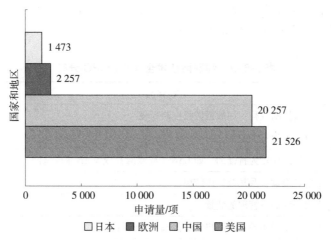

图5-6-9　物联网技术全球原创国和地区申请量

　　图 5-6-10 物联网全球申请人排名是物联网技术在全球主要申请人排名情况。其中，三星公司和 IBM 公司在全球范围的申请量很大，在全球排名前十位的申请人中，中国通信领军企业华为公司和中兴公司都榜上有名，显示出一定的竞争实力。

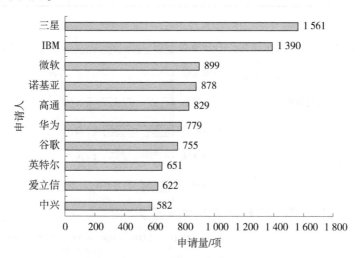

图5-6-10　物联网全球申请人排名

　　表 5-6-2 显示出物联网的技术主题分布情况，排名前几位的分类位置包括 H04L 29/08、H04L 29/06 和 H04L 12/28。在上述 IPC 分布的基础上，结合物联网行业的技术特点，本书将涉及人工智能智能家居行业的物联网技术，

物联网的技术分类见图 5-6-11。其中，涉及数据回传、交互通信、设备共享、P2P 通信的技术分类下申请量最大。

表5-6-2　物联网技术全球申请 IPC 分布

IPC 分类号	IPC 含义	申请量/项
H04L 29/08	传输控制规程，如数据链级控制规程	20 972
H04L 29/06	以协议为特征的	18 484
H04L 12/28	以通路配置为特征的，如 LAN〔局域网〕或 WAN〔广域网〕	5 669
G06F 17/30	信息检索；及其数据库结构	3 201
H04L 12/24	用于维护或管理的装置	2 787
H04L 9/32	包括用于检验系统用户的身份或凭据的装置	1 919
H04L 12/26	监视装置；测试装置	1 729
H04W 4/00	专门适用于无线通信网络的业务；其设施	1 725
G06F 15/16	两个或多个数字计算机的组合，每台计算机至少具有一个运算单元、一个程序单元和一个寄存器，例如，用于数个程序的同时处理	1 614
H04L 12/58	消息交换系统	1 543

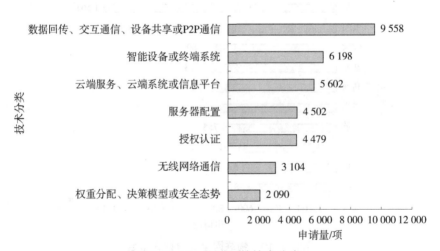

图5-6-11　物联网的技术分类

2. 重点产品——智能音箱

如图 5-6-12 所示，针对公开日在 2000 年以后的涉及人工智能技术的发明专利申请，经检索获得全球范围内应用于智能家居领域的智能音箱产品的发明专利申请有 13 551 项，中国范围内应用于智能家居领域的智能音箱产品的发明专利申请有 8 329 项。

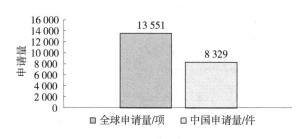

5-6-12

图5-6-12　智能音箱全球和中国申请量

　　图 5-6-13 智能音箱中国专利申请法律状态显示其授权比例都很低。经进一步的分析发现，这并非是由于专利申请质量不高，而是由于智能音箱相关中国发明专利申请的申请日都在近几年，正处于审查阶段，大多数专利申请还没有获得授权。一方面智能音箱为新兴热点，处于起步上升阶段，对国内企业而言，是进入人工智能智能家居行业的很好的上车站，国内企业应抓住这一有利时机；另一方面针对在审状态的专利申请，尤其是针对主要竞争对手的在审专利申请，相关企业可关注其审查进程，提前防范专利侵权风险。

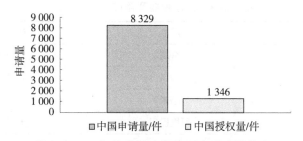

图5-6-13　智能音箱中国专利申请法律状态

　　图 5-6-14 智能音箱全球原创国和地区申请量中，与人工智能智能家居发明专利申请在全球范围内技术原创国和地区申请量分布情况大体类似，智能音箱在全球范围内最大的技术原创国和地区也是中美两国。所不同的是，人工智能智能家居发明专利申请原创国为中国的发明专利申请最多，而智能音箱则是原创国为美国的发明专利申请最多。可见，作为人工智能智能家居行

业的重点产品，美国的研发能力更强。

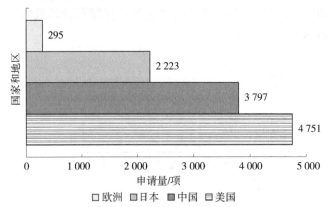

图5-6-14　智能音箱全球原创国和地区申请量

作为智能家居的最大市场，美国注重以智能音箱为中控的家庭智能化，如亚马逊 Echo、谷歌 Google Home 等产品销售火爆。在中国，一边市场上各大企业纷纷发布各式智能音箱产品，如阿里巴巴的"天猫精灵智能音箱"、小米的"小爱智能音箱"、讯飞与京东合作的"叮咚智能音箱"、百度的"小度智能音箱"、腾讯的"听听智能音箱"、若琪的"若琪智能音箱"、喜马拉雅的"小雅智能音箱"等；另一边各大企业也在积极打造以物联网平台赋予家居场景智慧化，诸如小米 MoT、华为 HiLink、海尔 U+等（见表5-6-3）。

表5-6-3　全球智能音箱市场主流产品

地域	厂商	产品名称
国内	百度	小度
	腾讯	腾讯听听
	小米	小爱
	阿里巴巴	天猫精灵
	京东	叮咚
国外	亚马逊	Echo 系列
	谷歌	Google Home 系列
	苹果	Home Pod
	微软	Invoke

我们可以将智能音箱分为硬件和软件两部分，其中硬件部分主要是麦克

风阵列，软件部分主要是语音识别、语义理解等。目前提供麦克风阵列解决方案的公司有科胜讯、思必驰、声智科技等。

表 5-6-4 智能音箱技术全球申请 IPC 分布显示智能音箱的技术主题分布情况。排名前十位的分类位置中，大多涉及语音识别、语音分析和语音交互技术。比如，小米的 AI 音箱就是采用声智科技的解决方案，该方案包含 6 麦环形阵列技术和远场唤醒、波束成形、噪声抑制、混响抑制、阵列增益、回声抵消等技术。语音识别和语义理解的技术提供商有百度、搜狗、科大讯飞等大公司，也有云知声、思必驰、出门问问、蓦然认知这样的创业公司。此外，百度等还推出了智能音箱开发套件，开发者可以借由这个平台来开发各种语音应用。

表5-6-4　智能音箱技术全球申请 IPC 分布

IPC 分类号	IPC 含义	申请量/项
G10L 15/22	在语音识别过程中（例如在人机对话过程中）使用的程序	3 690
G06F 3/16	声音输入；声音输出	2 829
G10L 15/26	语音-正文识别系统	2 428
H04R 3/00	用于传感器的电路	1 236
G10L 15/00	语音识别	1 148
G06F 17/30	信息检索；及其数据库结构	1 039
G10L 15/06	创建基准模板；训练语音识别系统，例如对说话者声音特征的适应	759
G06F 3/01	用于用户和计算机之间交互的输入装置或输入和输出组合装置	741
G10L 15/18	利用自然语言模型	667
G10L 15/30	分布式识别，如客户端—服务器系统，为移动电话或网络应用	562

如图 5-6-15 所示，申请人排名第一位的仍然是人工智能智能家居行业排名第一的申请人——三星公司，全球智能音箱市场份额占有最多的谷歌公司和亚马逊公司都榜上有名。在智能音箱全球申请人排名中，中国的百度公司也位居前十，显示了较好的竞争态势。

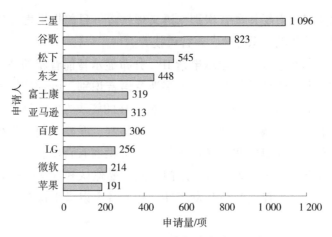

图5-6-15　智能音箱全球申请人排名

表5-6-5　全球智能音箱市场份额（数据来源：Canalys）

排名	厂商	2017 年	2018 年	同比增长
1	谷歌（Home 系列）	19.3%	36.2%	483%
2	亚马逊（Echo 系列）	79.6%	27.7%	8%
3	阿里巴巴（天猫精灵）	—	11.8%	—
4	小米（小爱）	—	7.0%	—
	其他厂商	1.1%	17.3%	161%
	总体市场（美元）	290 万	900 万	210%

　　研究公司 Canalys 发布的数据显示，谷歌已经超过亚马逊成为全球智能音箱市场的第一，在 2018 年第一季度售出了 320 万台智能音箱，市场份额达36.2%。相比之下，亚马逊售出了 250 万台 Echo 智能音箱，市场份额为27.7%。中国两大品牌阿里巴巴天猫精灵和小米小爱在第一季度分列全球智能音箱市场的第三位和第四位，市场份额为 11.8% 和 7.0%。

　　从智能家居的发展阶段来看，中国智能家居市场产品渗透率较低，正处于启动阶段，还没有进入爆发期。智能家居领域依然存在诸多制约因素，如产品本身智能化程度低，多数产品是按既定的程序完成任务，在主动感知和解决用户需求、与人的互动等方面的体验依然较初级，因此没有形成广泛的用户黏性，消费者对智能家居产品的需求程度低。而相较于亚马逊的 Echo，国内还没有成熟的智能家居控制中心，仍处于以手机 App 取代传统的遥控器的过渡时期。"AI+家居"有利于形成适配下一代硬件的真正的"智能化"及深入场景体验的个性化计算，匹配人机交互技术提升与智能家居产品的交互体验。

5.6.1.5 全球和中国主要申请人布局重点、专利法律状态及专利寿命分析

在人工智能智能家居中国主要申请人历年申请量分布中，作为中国通信行业的老大哥，华为公司的布局较早，申请量也一直较为平稳。而中国互联网公司三巨头 BAT——百度、阿里巴巴和腾讯公司，以及智能终端和智能家居生态链的新贵小米公司，则在 2011 年以来，尤其是 2015 年以来布局了大量的专利申请，也反映了其在智能家居行业的布局具有广阔的市场前景。

在人工智能智能家居全球主要申请人历年申请量分布中，松下、东芝、日立和谷歌公司的专利布局较早，而申请量一直较为平稳。三星公司的申请量在2000—2002 年并不大，随后快速增长，2016 年和 2017 年其申请量开始下降。图5-6-1 人工智能智能家居全球和中国申请态势是人工智能智能家居发明专利申请在全球以及中国范围内的历年申请量趋势，其中人工智能智能家居发明专利申请的全球趋势是一直增长的。可见，作为全球申请量排名第一的三星公司，其专利布局在 2016 年以后开始呈缓慢下降趋势，但由于更多的中小型申请人的申请量持续增加，使得全球申请总量继续持续增长。

图 5-6-16 人工智能智能家居中国申请量与中国前 20 位申请人总申请量比对中，全球申请量排名前 20 位的申请人专利申请量之和自 2016 年开始呈缓慢下降趋势，但由于有更多的中小型企业的加入，全球申请总量持续增长。这说明智能家居相关技术从由全球少数主要申请人集中掌握，逐渐向分散于中小型企业的申请人倾斜。这给中小型企业在该行业的发展带来更多机会。

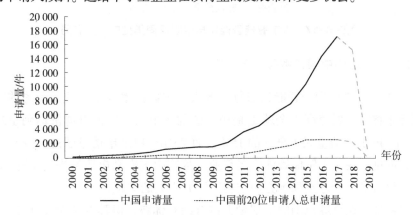

图5-6-16 人工智能智能家居中国申请量与中国前 20 位申请人总申请量对比

5.6.2　重点对比分析

5.6.2.1　中国不同类型申请人布局重点分析

图 5-6-17 人工智能智能家居中国不同类型申请人布局是针对中国专利申请进行的申请人类型分析。其中，针对原创国家和地区排名前五位的中国、美国、日本、欧洲和韩国，将申请人类型分为企业、高校研究院所和个人。如图 5-6-17 所示，在原创国为中国的申请中，除了占比最多的企业申请人，还包括了一定数量的高校研究院所申请人和个人申请人。而对原创国家和地区为美国、日本、欧洲和韩国的申请人而言，则几乎全部为企业申请人。可见，针对中国市场进行专利布局的海外申请人都为相关企业。

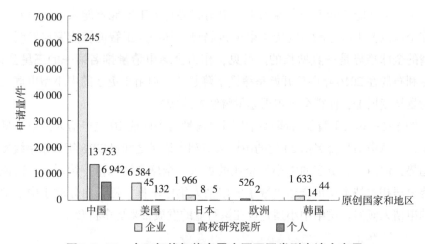

图5-6-17　人工智能智能家居中国不同类型申请人布局

5.6.2.2　全球和中国优劣势分支对比分析

2011 年以来应用于智能家居行业的人工智能技术竞争激烈，中国的智能家居行业整体发展速度与全球也是相一致的。中国的原创申请量达到全球的34%，但 PCT 申请量只占全球的 15%，而美国的 PCT 申请量超过全球总量的一半。可见，在人工智能智能家居行业，尽管中国专利申请量排名全球第一，但在专利质量、全球布局等方面与美国还有很大的差距。

三星公司在全球范围的申请量上占有绝对优势，但其专利布局在 2016 年以后开始呈缓慢下降趋势。华为公司在全球范围的申请量上排名第二位并具有大量的海外布局，说明其具有国际视角、立足全球布局。中国互联网公司三巨头 BAT——百度、阿里巴巴和腾讯公司，在全球范围和中国范围也都有较多的专利申请量。BAT 作为国内拥有强大的大数据储备的公司，同时又有一定的能力渗透到几乎所有领域的企业，从目前看在智能家居行业的布局具有广阔的市场。

图 5-6-18 人工智能智能家居部分重点申请人布局比对显示智能家居领域的全球部分重点申请人在全球范围的专利布局与在中国范围的专利布局情况。高通公司在智能家居领域的全球 1 096 项专利申请中，高达 62% 在中国进行了布局。我国应对其进行重点防范。在智能家居领域的全球主要申请人中，谷歌、东芝、夏普公司在中国进行专利布局的比例都不高，分别为 19%、13%、18%，IBM 公司只有 8%，而 2017 年和 2018 年在全球智能音箱市场份额中分别占第一位和第二位的亚马逊公司，在中国进行专利布局的比例仅为 5%。我国可以抓住有利时机，关注谷歌、东芝、夏普、IBM、亚马逊等公司专利布局动态，有针对性地在我国进行专利布防或借助已经公开的技术进行改进发明。

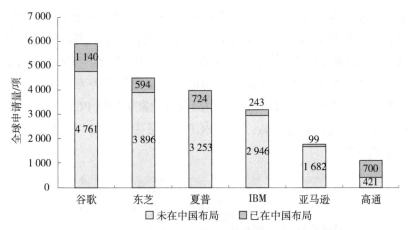

图5-6-18 人工智能智能家居部分重点申请人布局比对

2016 年以来，全球范围内有更多的中小型申请人的申请量持续增加，使得全球申请总量继续持续增加。这说明，人工智能智能家居技术从由全球少数主要申请人掌握，逐渐向分散更多申请人倾斜，从而也给了我国中小型企业以更多的机遇。

对于人工智能智能家居行业的重点技术——物联网技术及人工智能智能家居的重点产品——智能音箱，与人工智能智能家居发明专利申请在全球范围内技术原创国或地区申请量分布情况大体类似，物联网技术和智能音箱在全球范围内最大的技术原创国或地区也是中美两国。所不同的是，人工智能智能家居发明专利申请原创国为中国的发明专利申请最多，而物联网技术和智能音箱则是原创国为美国的发明专利申请最多。可见，作为人工智能智能家居行业的重要技术和重点产品，美国的研发能力更强。

从智能家居的发展阶段来看，中国智能家居市场产品渗透率较低，正处于启动阶段，还没有进入爆发期。智能家居领域依然存在诸多制约因素，如产品本身智能化程度低，多数产品是按既定的程序完成任务，在主动感知和解决用户需求、与人的互动等方面的体验依然较初级，因此没有形成广泛的用户黏性，消费者对智能家居产品的需求程度低。而相较于亚马逊的 Echo，国内还没有成熟的智能家居控制中心，仍处于以手机 App 取代传统的遥控器的过渡时期。

5.6.2.3　中美专利布局对比分析

如图 5-6-19 人工智能智能家居中美两国全球申请量比对所示，尽管中国在智能家居领域全球专利申请量高于美国，但中国仅有 4 905 项专利申请在美国布局，美国却有 12 970 项专利申请在中国布局。其中，高通公司在智能家居领域的全球 1 096 项专利申请中，高达 62% 在中国进行了布局。美国不仅针对中国、日本、韩国、欧洲等重要市场进行了全面的海外专利布局，对较小规模的海外市场也进行了战略布局。中国在智能家居领域 PCT 申请量为 5 644 项，仅占全球相关领域的 15%；美国 PCT 申请量为 19 219 项，超过全球相关领域总量的一半。

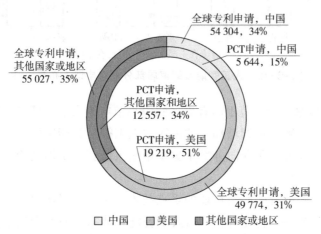

图5-6-19　人工智能智能家居中美两国全球申请量比对

　　如图 5-6-20 人工智能智能家居中美两国原创和布局比对所示，中美两国都是人工智能智能家居行业的重要原创国与重要布局国，相比而言，美国为原创国的申请量略少于中国，然而美国作为布局国的申请量反而略高于中国。可见，相较于中国，美国是人工智能智能家居行业各国申请人更大的竞争市场。

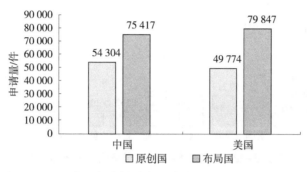

图5-6-20　人工智能智能家居中美两国原创和布局比对

　　如图 5-6-21 人工智能智能家居中国申请全球布局所示，原创国为中国的人工智能智能家居行业专利申请中，绝大多数仅在中国国内布局。进行 PCT 申请（即图中具有 WO 布局）或针对美国进行海外布局的申请，都为 1/10 左右，而进行欧洲或者其他国家和地区海外布局的申请比重则更低。

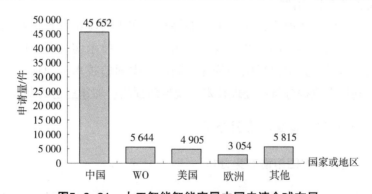

图5-6-21　人工智能智能家居中国申请全球布局

　　如图 5-6-22 人工智能智能家居美国申请全球布局所示，原创国为美国的人工智能智能家居行业专利申请中，虽然也是很大比例仅在美国国内布局，但进行 PCT 申请（即图中具有 WO 布局）或针对欧洲进行海外布局的申请比例，都高于 1/5，这一比例远高于图 5-6-24 人工智能智能家居中国申请全球布局中，中国申请人对外布局的情况。从图 5-6-22 可以发现，除

了欧洲、中国、日本、韩国几大布局国家和地区外，美国申请人有超过1/4
的申请布局于其他国家和地区。可见，美国申请人除了抢占几大海外市场
外，也没有放松对较小海外市场的战略布局。

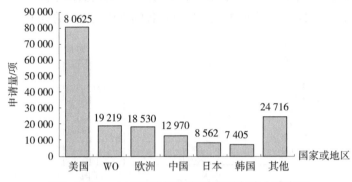

图5-6-22　人工智能智能家居美国申请全球布局

5.7　智能医疗行业整体专利状况分析

　　人工智能技术的快速发展为医疗健康领域迈向智能化提供了有力保障。
近年来，智能医疗在辅助诊疗、疾病预测、远程医疗、新药研发等方面发挥
着越来越重要的作用。❶

　　就产业实际应用而言，智能医疗能够初步实现的应用场景包括利用语音
识别技术实现电子病历的语音录入，利用影像识别技术实现医学图像自动读
片，利用机器学习算法实现辅助诊疗，利用数据通信技术实现远程医疗和移
动医疗，利用大数据分析和处理技术实现疾病预测、加速药物研发等。

5.7.1　全球和中国专利状况分析

5.7.1.1　全球和中国申请态势分析

　　如图5-7-1所示，智能医疗领域的全球专利申请量自2000年以来均呈现
平稳上升态势，专利申请量增幅较为均匀。中国专利申请量与全球专利申请
量增长态势趋同。2018年和2019年的专利申请量由于公开滞后等原因呈现一
定程度的下降。

---

　　❶　智能医疗全球专利数据包含辅助医生诊断的测量、放射及声波诊断等技术和产品，属于弱人
工智能范畴，以期对医疗行业进行更加全方位的分析。

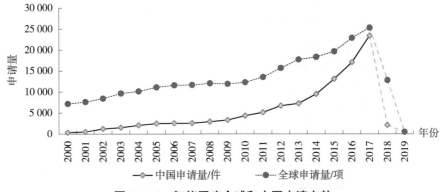

图5-7-1　智能医疗全球和中国申请态势

5.7.1.2　全球和中国主要申请人分析

如图 5-7-2 和图 5-7-3 所示，智能医疗领域全球专利申请量排名前二十的申请人中，一类是西门子、东芝、飞利浦、富士、通用电气等均为医疗领域的主要厂商，另一类则为加州大学、浙江大学、中国科学院等高校和科研院所，申请人类型分明。中国专利申请量排名前 20 的申请人中既包括飞利浦、通用电气、浙江大学等主要厂商及国内高校，也包括上海联影、深圳迈瑞等智能医疗新创企业。此外，腾讯、百度等互联网巨头及平安保险旗下的平安科技也开始进军医疗行业，申请人主体构成呈现多样化的趋势。

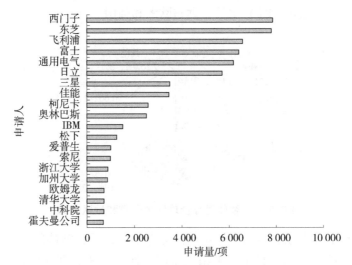

图5-7-2　智能医疗全球申请人排名

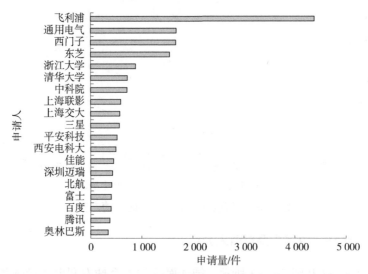

图5-7-3　智能医疗中国申请人排名

5.7.1.3　全球和中国布局区域分析

如图5-7-4所示，从技术原创国的角度来看，智能医疗领域的创新技术主要来源于美国、日本、中国、欧洲和韩国。中国申请人共有专利申请55 231项（占比21%），在这一领域的技术创新能力与日本不相上下，紧随美国（90 662项，占比34%）之后，远超欧洲和韩国。

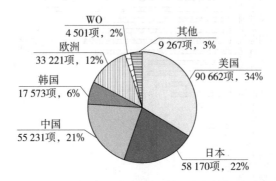

图5-7-4　智能医疗全球原创国家和地区占比

如图5-7-5所示，从技术输出国的分布情况来看，智能医疗领域全球专利布局主要针对美国、日本、中国、欧洲、韩国、澳大利亚等国家和地区。全球专利技术地域分布呈现出地区广泛和相对均匀的态势。

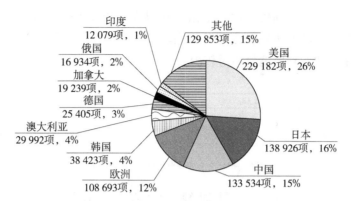

图5-7-5 智能医疗全球目标市场占比

5.7.1.4 全球和中国主要技术分支分析

近 20 年来，人工智能技术在医疗行业的应用日益深入和广泛，智能医疗领域的中国专利申请中，人工智能技术密切相关的专利申请占比也呈现出逐年攀升的趋势。具体年度趋势如图 5-7-6 所示。其中，人工智能技术相关专利申请是指 IPC 分类号涉及 G06T、G06F、G06K、G06N 等与计算机系统及计算机数据处理密切相关的专利申请；医疗技术相关专利申请是指 IPC 分类号涉及 A61B、G01N、G16H、A61M 和 A61N 等与医疗器械、医学诊断治疗及人体健康等密切相关的专利申请。

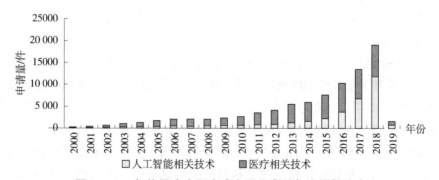

图5-7-6 智能医疗中国申请主要分类号年度趋势演变

智能医疗的主要技术分支在中国和全球专利申请中的占比情况如图 5-7-7 所示。其中，辅助诊断是目前人工智能技术在医疗领域应用最为广泛的细分领域之一，其利用计算机视觉感知技术及机器学习和推理技术进行医学影像的分析，辅助医生进行疾病诊断，因此，这一技术分支下的全球和中国专利申请量在整体数据中占比最大。此外，远程医疗相关的专利申请在整体申请量中占比也较高，而利用医疗大数据及知识表达和知识推理等深层人工智能技术进行新药的辅助研发在全球范围内均处于起步阶段，因此这一技术分支下全球和中国的专利申请量相对较少。

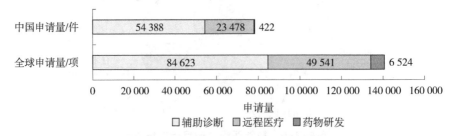

图5-7-7　全球和中国智能医疗主要技术分布占比对比

5.7.1.5　全球主要申请人布局重点、专利法律状态及专利寿命分析

无论全球市场还是中国市场，高端医疗设备领域长期由飞利浦、通用电气、东芝、西门子这几家行业巨头占据。从全球和中国专利布局来看，这几家企业的专利申请数量同样居于领先地位。

以美国的通用电气和日本的东芝公司为例，这两家企业在高端医疗领域深耕多年，不仅拥有大量涉及医疗设备本身的基础专利，在人工智能的技术应用方面也拥有大量创新技术。

其中，通用电气的专利申请中涉及医学图像处理的有970余项，涉及医疗系统控制约830余项，涉及神经网络算法的专利申请约40余项，涉及知识推理的约50余项。东芝公司的专利申请中涉及医学图像处理的约1 230余项，涉及医疗系统控制的约690余项，涉及神经网络算法的约30余项，涉及知识推理的约30余项。通用电气和东芝公司无论是产品、市场还是技术创新，都具有绝对优势，其全球专利布局也紧跟目标市场（见图5-7-8）。

如图5-7-9所示，美国的IBM公司是推动人工智能技术在医疗行业落地的先行者，其在智能医疗领域的专利布局仍然以美国本土为主。从技术构成上来看，IBM公司凭借其在人工智能算法方面的深厚技术积累，在推动医疗行业"智能化"方面表现突出。例如，智能医疗领域IBM的专利申请中涉及知识表达和知识推理的申请高达380余项，涉及神经网络算法的约200项。此外，IBM公司在医学图像处理方面也积累了约210余项专利申请。从专利地域分布来看，IBM在智能医疗领域的布局仍然以美国本土为重。

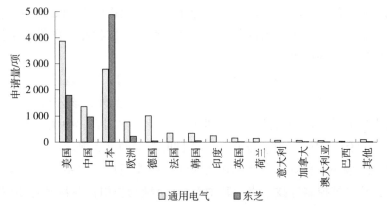

图5-7-8 通用电气和东芝全球专利国际地区分布

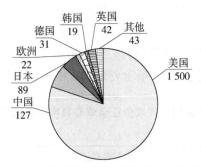

图5-7-9 IBM智能医疗全球专利国家和地区分布

5.7.2 重点对比分析

5.7.2.1 中国不同类型申请人布局重点分析

　　智能医疗领域的中国申请人主要涉及三种不同类型的创新主体：一是以上海联影、深圳迈瑞等公司为代表的新创型高端医疗企业，二是以腾讯、阿里、百度等互联网巨头及平安等保险企业为代表的转型企业，三是以清华大学、浙江大学、中国科学院为代表的高校和研究机构。不同类型的创新主体针对的具体应用方向也有所不同。

　　国内智能医疗企业将直接面对市场和竞争对手，其专利布局的深度和广度决定未来的竞争实力，因此，我们选取上海联影和深圳迈瑞两家代表企业进行分析。

　　上海联影的产品线覆盖全线高端医疗影像设备，与飞利浦、通用电气等设备厂商的专利申请技术构成相似。上海联影的专利申请中与医疗设备密切相关的专利申请占比较高，在医疗智能化方面涉及医学图像处理的专利申请有 390 余项，主要分布在图像分割、特征提取、三维模型、图像断层重建和校正、辅助诊断等技术点。

上海联影已申请 45 项 PCT 申请，最早始于 2011 年，现已陆续进入国家阶段，未来几年内全球专利布局有望进一步增强。此外，该公司还有 35 项专利申请直接通过《巴黎公约》途径进入美国及其他国家。中国、美国、欧洲均有布局的有 16 项，中国、美国、日本同时布局的有 2 项。

深圳迈瑞的专利申请中有 420 余项涉及智能医疗，主要分布于医学图像分析、医疗系统控制等技术点，其中有 30 余项为被引证频次超过 10 的重要专利。

如表 5-7-1 所示，全球专利布局方面，深圳迈瑞从 2010 年开始提交 PCT 申请，截至目前已有约 119 项申请通过 PCT 途径进入其他国家和地区。此外，还有 96 项专利申请通过《巴黎公约》途径进入美国。这说明公司高度重视美国市场。此外，该公司还有 16 项重要专利在中国、美国、欧洲同时布局。

表5-7-1　两家国内代表企业全球专利申请量及布局区域对比

单位：项

布局区域	上海联影	深圳迈瑞
中国	540	419
PCT 申请	45	119
美国	79	160
欧洲	16	19
英国	7	0
日本	3	0
巴西	2	0
印度	2	1
韩国	1	0

此外，国内高校和中国科学院在智能医疗领域共提交了超过 27 000 项专利申请，其中有近 3 000 项专利申请涉及医学图像处理，有 7 734 项专利申请涉及神经网络算法、模型和知识推理等人工智能深层技术。

平安科技近年来推出了"平安好医生"等医疗健康相关的线上产品，在智能医疗领域也积累了 500 项专利申请，更多涉及移动医疗平台、医疗保险智能化等上层应用。腾讯公司与多家医疗机构合作，专注医学图像智能分析，在计算机辅助诊断方面也积累了 200 余项专利申请。阿里巴巴同一时期也开始涉足医疗行业，在医疗大数据和医疗平台方面进行少量专利布局。

5.7.2.2　技术原创国全球和中国专利布局情况分析

中国、美国、日本和欧洲为智能医疗领域的主要技术原创国家或地区。对来自这些国家和地区的专利申请对应的全球地域分布进行分析后发现，中国申请人共 55 231 项族专利申请，在全球共提交 69 796 项专利申请，其中在本国提交的申请占比高达 92%，海外专利布局较少。

美国申请人共 90 662 项族专利申请，在全球共提交 229 182 项专利申请，不仅专利申请数量最多，而且在全球范围内的专利布局也最充分。美国申请人在本国、中国、欧洲和日本提交专利申请在整体申请量中的占比分别为 44%、7%、17% 和 9%。

日本和欧洲申请人在全球范围内分别提交了 138 926 项和 100 642 项专利申请，其中日本申请人在本国提交的专利申请占比为 57%，欧洲申请人在欧洲地区提交的专利申请占比约为 40%。除了在本国提交专利申请外，日本和欧洲在中国、美国等其他国家和地区也有一定数量的专利布局（见图 5-7-10）。

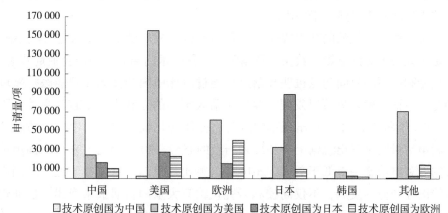

图5-7-10　智能医疗技术原创国全球专利地域分布

从来华提交专利申请的申请人类型来看，中国申请人中企业、高校或研究机构、个人提交的专利申请占比分别为 37%、52% 和 12%，美国来华申请的申请人中企业类型申请人占比约为 93%，而日本、欧洲和韩国的申请人几乎全部来自企业。

中国申请人的海外专利布局较弱，可能与企业类型的申请人占比相对较少有关。来自高校或研究机构和个人的专利申请理论研究偏多，技术落地较少，专利技术与上市产品的对应性不强，因此，这两种类型的申请人保护市场竞争的需求较少，从而导致中国申请人的全球专利布局较弱（见图 5-7-11）。

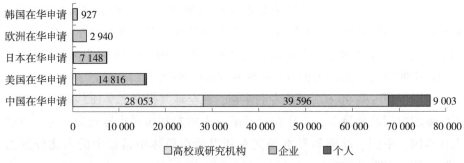

图5-7-11　智能医疗各国不同类型申请人在华申请占比

5.7.2.3　中美专利布局对比分析

从智能医疗全球专利申请的数量来看，中国申请人共提交了 55 231 项专利申请，而美国申请人累计提交了 90 662 项专利申请。美国在智能医疗领域的技术创新实力显然高于中国。

智能医疗所依赖的基础数据大多采集自高端医疗设备，如通过 CT 扫描、核磁等设备采集医学影像数据。高端医疗设备技术门槛高，国内企业起步晚，提交专利申请的时间起点也明显落后。通过对比中国和美国在智能医疗领域的专利申请年度趋势可以发现，美国申请人历年的专利申请量较为平稳，除了 2006 年和 2013 年左右出现小幅上升，整体变化幅度不大。中国申请人的专利申请量则呈现出急剧上升和后来居上的态势，2015 年之前来自中国申请人的专利申请量一直低于美国，2016 年开始出现反超。这得益于近年来国内智能医疗产业的发展，不仅高校和研究机构有大量的科研成果产出，也涌现出一批新创型的智能医疗企业。中国申请人在智能医疗领域的角色正逐渐从"跟随者"向"并跑者"转变（见图 5-7-12）。

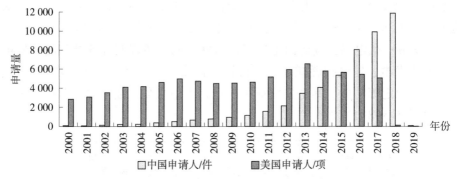

图5-7-12　智能医疗中国与美国申请人申请量年度趋势对比

5.8　智能电网行业整体专利状况分析

　　智能电网，就是电网的智能化，是以物理电网为基础，将现代先进的传感测量技术、通信技术、信息技术、计算机技术和控制技术与物理电网高度集成形成的新型电网。它以充分满足用户对电力的需求和优化资源配置，确保电力供应的安全性、可靠性和经济性，满足环保约束，保证电能质量，适应电力市场化发展等为目的，实现对用户可靠、经济、清洁、互动的电力供应和增值服务。

　　智能电网是电网技术发展的必然趋势。近年来，通信、计算机、自动化等技术在电网中得到广泛深入的应用，并与传统电力技术有机融合，极大地提升了电网的智能化水平。传感器技术与信息技术在电网中的应用，为系统状态分析和辅助决策提供了技术支持，使电网自愈成为可能。调度技术、自动化技术和柔性输电技术的成熟发展，为可再生能源和分布式电源的开发利用提供了基本保障。通信网络的完善和用户信息采集技术的推广应用，促进了电网与用户的双向互动。随着各种新技术的进一步发展、应用并与物理电网高度集成，智能电网应运而生。

　　伴随着电网规模日趋庞大，未来人工智能将成为智能电网的核心部分。在需求方面，人工智能技术能持续监控家庭和企业的智能电表和传感器的供需情况，实时调整电网的电力流量，实现电网的可靠、安全、经济、高效。在供应方面，人工智能技术能协助电力网络营运商或者政府改变能源组合，调整化石能源使用量，增加可再生能源的产量，并且将可再生能源的自然间歇性破坏降到最低。生产者将能够对多个来源产生的能源输出进行管理，以便实时匹配社会、空间和时间的需求变化，在线路的巡视巡检方面借助智能巡检机器人和无人机实现规模化、智能化作业，提高效率和安全性。

作为新一代电网，应运而生的智能电网，能够实现兼容各类新能源发电与分布式发电、输电损耗减小、支持远程抄表、用户互动、优化电网运行、电网高度稳定等功能，其主要特征可以概括为信息化、数字化、自动化和互动化（见图5-8-1）。

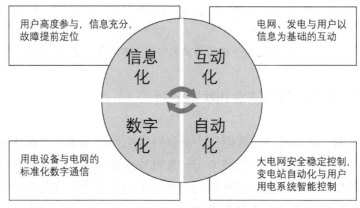

用户高度参与，信息充分，故障提前定位

电网、发电与用户以信息为基础的互动

信息化　互动化

数字化　自动化

用电设备与电网的标准化数字通信

大电网安全稳定控制，变电站自动化与用户用电系统智能控制

图5-8-1　智能电网的特点

信息化是指通过实时、在线和连续的安全评估和分析能力，保证电网公司及时准确地知晓电网的状态，优化资源的利用，实现信息充分、用户高度参与和故障的提前定位；数字化是指实现电网信息的高度集成和共享，采用统一的平台和模型，实现标准化、规范化和精益化管理，使得电网与用电设备全面采用标准化数字通信，实现电网信息的数字通信；自动化是指在电网大扰动和故障时，仍能保持对用户的供电能力，在自然灾害、极端气候条件下或外力破坏下仍能保证电网的安全运行能力，最终实现大电网安全稳定控制，变电站自动化与用户系统智能控制；互动化是指支持需要双向馈电与双向通信的分布式发电，并实现用户实时互动，使得用户可以根据电力质量与价格选择售电企业，即实现功能电网、发电与用户以信息为基础的互动。

5.8.1　全球和中国专利状况分析

5.8.1.1　全球和中国申请态势分析

针对公开日在 2000 年以后的涉及人工智能技术的发明专利申请，经检索获得全球范围内应用于智能电网行业的有 20 780 项，中国范围内应用于智能

电网行业的有 15 285 项。图 5-8-3 人工智能智能电网全球和中国申请态势是
人工智能电网领域发明专利申请在全球及中国范围内的历年申请量趋势，全
球趋势与中国趋势总体上保持一致走势。数据显示，2008 年以前全球范围和
中国范围的申请量都较小，且国内几乎没有该行业的申请。从 2009 年起，全
球范围和中国范围的申请量都呈现飞速增长趋势，尤其是中国的申请量飞速
增长，到 2018 年分别达到最大的年申请量 2 524 项和 2 425 项。由于部分申请
还未公开，2018 年和 2019 年的申请量统计不完全（见图 5-8-2）。

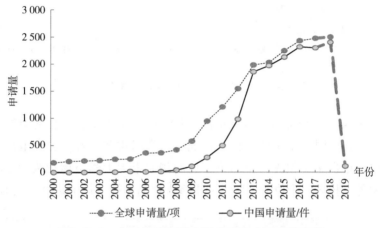

图5-8-2　人工智能智能电网全球和中国申请态势

5.8.1.2　全球和中国主要申请人分析

　　国家电网有限公司是人工智能智能电网全球和中国申请量最多的申请人。
该公司以投资建设运营电网为核心业务，承担着保障安全、经济、清洁、可
持续电力供应的基本使命。国家电网有限公司包括 27 个省公司，以及 39 个
直属单位。本书将申请人为国家电网有限公司、其 27 个省公司以及 39 个直
属单位的发明专利申请统计为申请人"国家电网"。

　　图 5-8-3 人工智能智能电网全球申请人排名是人工智能智能电网行业发
明专利申请在全球主要申请人排名情况。其中，国家电网在全球范围的申请
量上占有绝对优势，达到 8 512 项，排名二至四位的东芝、IBM 和三菱公司，
申请量分别为 1 121 项、1 085 项和 1 069 项，没有明显差距。中国的华北电
力大学在全球主要申请人中排名第十位。

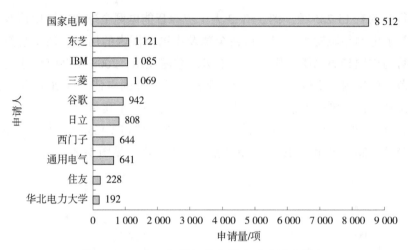

图5-8-3　人工智能智能电网全球申请人排名

图5-8-4人工智能智能电网中国申请人排名是人工智能智能电网行业发明专利申请在中国主要申请人排名情况。与全球排名一致，国家电网在中国范围的申请量也遥遥领先，排名第二位的华北电力大学申请量为192项。除国家电网外，排名前十位的中国主要申请人都为高校，且申请量差距不大。

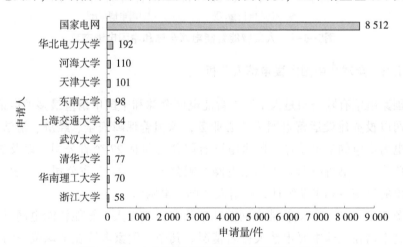

图5-8-4　人工智能智能电网中国申请人排名

5.8.1.3　全球和中国布局区域分析

图5-8-5人工智能智能电网全球目标市场占比中，中国是全球最大的目标市场，占专利布局总量的40%，其主要原因是国家电网公司在国内的大规

模专利布局。排名第二的是美国，占专利布局总量的 18%。可见，美国也是人工智能智能电网的重要专利布局目标市场。此外，日本、韩国和欧洲也是主要的专利布局目标市场。

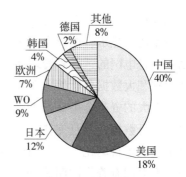

图5-8-5　人工智能智能电网
全球目标市场占比

图 5-8-6 人工智能智能电网全球原创国和地区占比是人工智能智能电网行业发明专利申请在全球范围内技术原创国或地区申请量分布情况。其中，原创国为中国的发明专利申请最多，超过总量的一半，充分体现了国家电网公司对人工智能智能电网行业的重视程度。原创国为美国和日本的发明专利申请数量也较多，分别占总量的 19% 和 16%。从全球来看，中国、美国和日本的总和占到了全球总量的将近九成。可见，中国、美国、日本几乎占据了人工智能智能电网的全球原创。

相比图 5-8-6，原创申请量达到全球一半以上的中国，在图 5-8-7 人工智能智能电网 PCT 申请占比中，PCT 申请量只占全球的 5%，而美国的 PCT 申请量超过全球总量的一半。尽管中国的专利申请量很大，但中国的 PCT 申请量远远落后于美国、日本和欧洲。在人工智能智能电网行业，尽管中国专利申请量在全球占绝对优势，但在专利质量、全球布局等方面，与美国还有很大的差距。

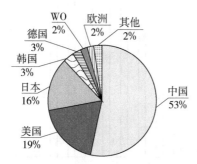

图5-8-6　人工智能智能电网
全球原创国和地区占比

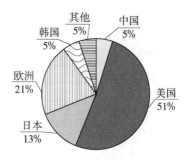

图5-8-7　人工智能智能电网
PCT 申请占比

5.8.1.4　全球和中国主要技术分支分析

经统计，国家电网公司的人工智能相关发明技术主要应用在电网控制、配用电网智能配电变压器、风电站、新能源等领域，同时对相关的智能算法、机器人等技术研发相对也比较重视。

专家访谈显示，国家电网公司近年来人工智能专利增长迅速主要有三个原因：一是电网的运行和管理涉及不同类型数据的采集与分析，为图像处理、语音识别和大数据分析等人工智能技术提供了极好的场景；二是国家电网除了具备庞大的资产全生命周期数据和丰富的用户数据，还拥有电网广域多时间尺度运行数据，并且完成了数字化和信息化改造，电网的调度控制在很大程度上实现了自动化，为电网运行管理的进一步智能化创造了非常好的条件；三是国家电网有着指向明确的项目管理制度，人工智能方向的项目具有严格的定量化的项目成果考核指标。

5.8.1.5 全球和中国主要申请人布局重点、专利法律状态及专利寿命分析

图 5-8-8 人工智能智能电网中国主要申请人历年申请量分布中，2009 年以前国家电网和各高校的专利申请量都不多，且国家电网与其他的高校申请人并没有拉开差距。国家电网的专利申请量在 2010 年后，尤其是 2013 年后呈井喷状飞速增长，并在 2016 年达到了最大年申请量。

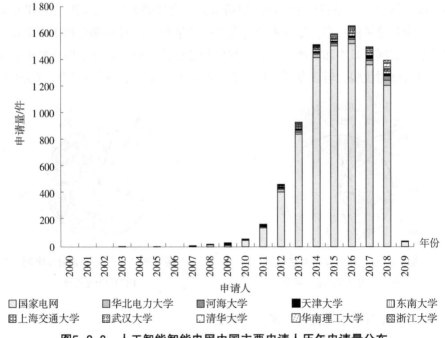

图5-8-8 人工智能智能电网中国主要申请人历年申请量分布

图 5-8-9 人工智能智能电网全球主要申请人历年申请量分布中，2009 年

以前主要由国外主要申请人进行平稳的专利布局。自 2010 年开始，国家电网的专利申请量飞速递增，至 2016 年达到最大值。对比图 5-8-2 人工智能智能电网全球和中国申请态势中，全球范围内人工智能智能电网的专利申请量，也是在 2016 年达到最大值。作为全球申请量排名第一的国家电网公司，其专利布局在 2017 年呈缓慢下降趋势。这说明其人工智能智能电网技术及专利布局日趋成熟。

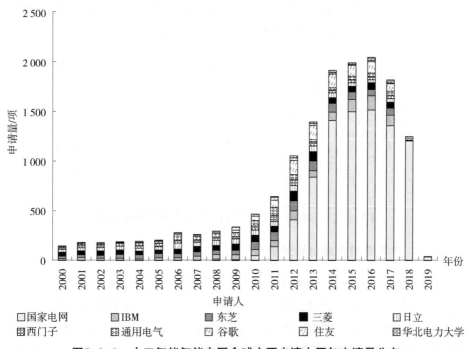

图5-8-9　人工智能智能电网全球主要申请人历年申请量分布

5.8.2　重点对比分析

5.8.2.1　全球和中国优劣势分支对比分析

中国国家电网公司的专利申请量在全球占有绝对优势。国家电网公司的人工智能相关发明技术主要应用在电网控制、配用电网智能配电变压器、风电站、新能源等领域，同时对相关的智能算法、机器人等技术研发相对也比较重视。

美国是发展智能电网的积极倡导者和重要推动者。美国在 2001 年最早提出了智能电网概念，并以 2003 年规划的 "Grid2030" 远景图及路线图为契机，正式启动智能电网研究与建设。美国智能电网的快速发展得益于政府直接支持、加速推进标准化和新成员加速市场形成的三管齐下（见图5-8-10）。美国主要关注电力网络基础架构的升级更新，同时最大限度地利用信息技术，实现系统智能对人工的替代，其智能电网发展主要集中在配网层。从美国智能电网分阶段规划还可以看出，2010年之前美国的智能电网发展将重点全部集中在用电环节，重点发展用户侧双向馈电和通信；2010—2020年，美国将全面发展配网智能化，在用户侧智能发展的支持下开展更加复杂的配网运行，同时进行全面监控和协调；美国超导电缆技术基本成熟，计划在2020—2030年的10年间全面实现超导骨干网的应用，达到零损耗的目标。

图5-8-10　2010—2030年美国智能电网分阶段规划

5.8.2.2　中美专利布局对比分析

如5.8.1.1节所述，针对公开日在2000年以后的涉及人工智能技术的发明专利申请，经检索获得全球范围内应用于智能电网行业的有20 780项。如图5-8-11所示，中国作为原创国与布局国的专利数量分别为11 258项和13 127项。可见，中国是人工智能智能电网行业最大的原创国与最大的布局国，美国也是人工智能智能电网行业的重要原创国与重要布局国。

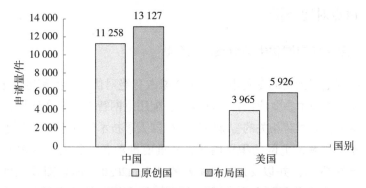

图5-8-11　人工智能智能电网中美两国原创/布局比对

如图 5-8-12 所示，原创国为中国的人工智能智能电网行业专利申请中，绝大多数仅在中国国内布局，只有极少数申请针对海外进行布局。

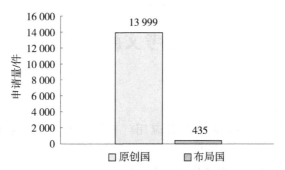

图5-8-12　人工智能智能电网中国申请全球布局

如图 5-8-13 所示，原创国为美国的人工智能智能电网行业专利申请中，虽然也是很大比例仅在美国国内布局，但进行 PCT 申请（即图中具有 WO 布局）或针对欧洲进行海外布局的申请比例，都高于 1/5，相较于图 5-8-12 的情况，差距异常悬殊。从图 5-8-13 可以发现，除了欧洲、中国、日本几大布局国家和地区外，美国申请人有将近一半的申请布局于其他国家和地区。可见，美国申请人除了抢占几大海外市场外，也非常重视对较小海外市场的战略布局。

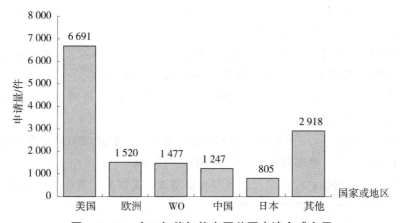

图5-8-13　人工智能智能电网美国申请全球布局

参考文献

［1］王万森. 人工智能原理及其应用［M］. 3 版. 北京：电子工业出版社，2012.

［2］腾讯研究院，中国信息通信研究院，互联网法律研究中心，腾讯 AI lab，等. 人工智能：国家人工智能战略行动抓手［M］. 北京：中国人民大学出版社，2017.

［3］李开复，王咏刚. 人工智能［M］. 北京：文化发展出版社，2017.

［4］史忠植. 人工智能［M］. 北京：机械工业出版社，2017.

［5］刘海滨. 人工智能及其演化［M］. 北京：科学出版社，2016.

［6］中国电子技术标准化研究院. 人工智能标准化白皮书（2018 版）［R］.

［7］雷·库兹韦尔. 奇点临近［M］. 董振华，李庆诚，译. 北京：机械工业出版社，2016.

［8］蔡自兴，徐光祐. 人工智能及其应用［M］. 4 版. 北京：清华大学出版社，2010.

［9］翟振明，彭晓芸. "强人工智能"将如何改变世界——人工智能的技术飞跃与应用伦理前瞻［J］. 学术前沿，2016（04）：22-33.

［10］顾险峰. 人工智能的历史回顾和发展现状［J］. 自然杂志，2016，38（03）：157-166.

［11］腾讯研究院. 人工智能各国战略解读：英国人工智能的未来监管措施与目标概述［J］. 电信网技术，2017（02）：32-39.

［12］尹昊智，刘铁志. 人工智能各国战略解读：美国人工智能报告解析［J］. 电信网技术，2017（02）：52-57.

［13］何哲. 通向人工智能时代——兼论美国人工智能战略方向及对中国人工智能战略的借鉴［J］. 电子政务，2016（12）：2-10.

［14］张清华. 人工智能技术及应用［M］. 北京：中国石化出版社，2012.

［15］鲍军鹏，张选平. 人工智能导论［M］. 北京：机械工业出版社，2010.

［16］曹承志. 人工智能技术［M］. 北京：清华大学出版社，2010.

［17］尼克. 人工智能简史［M］. 北京：人民邮电出版社，2017.

［18］金江军. 物联网技术在工业领域的应用研究［J］. 信息化建设，2011（12）：32-33.

［19］陈锦潮. 智能电网技术的发展及其应用［J］. 广东科技，2011（10）：46-48.

［20］刘谊，任亚琴. 智能电网建设项目风险评价研究综述［J］. 时代经贸，2013（8）：107.